建筑施工特种作业人员培训教材

建筑施工现场场内平地机司机

建筑施工特种作业人员培训教材编委会　组织编写

中国建筑工业出版社

图书在版编目（CIP）数据

建筑施工现场场内平地机司机/建筑施工特种作业人员培训教材编委会组织编写．—北京：中国建筑工业出版社，2019.7（2020.12重印）

建筑施工特种作业人员培训教材

ISBN 978-7-112-23930-6

Ⅰ．①建… Ⅱ．①建… Ⅲ．①建筑工程-施工现场-平地机-技术培训-教材 Ⅳ．①TU623.6

中国版本图书馆 CIP 数据核字（2019）第 131503 号

　　　　本书是建筑施工现场场内平地机司机培训教材，书中详细介绍了建筑施工现场场内平地机司机应掌握的基本知识与操作规范等内容，书中配图丰富，语言通俗易懂。本书分为两部分，共九章。第一部分为公共基础知识，包括职业道德、建筑施工特种作业人员和管理、建筑施工安全生产相关法规及管理制度、建筑施工安全防护基本知识、施工现场消防基本知识、施工现场应急救援基本知识；第二部分为专业基础知识，包括平地机的结构与工作原理、平地机的道路驾驶与作业、平地机的保养维护与常见故障排除、平地机的日常检查与安全管理。本书可作为相关岗位人员培训教材，也可供相关专业技术人员参考。

责任编辑：葛又畅　李　明　李　杰
责任校对：姜小莲

建筑施工特种作业人员培训教材
建筑施工现场场内平地机司机
建筑施工特种作业人员培训教材编委会　组织编写
*
中国建筑工业出版社出版、发行（北京海淀三里河路9号）
各地新华书店、建筑书店经销
北京红光制版公司制版
北京建筑工业印刷厂印刷
*
开本：850×1168毫米　1/32　印张：4½　字数：125千字
2019年10月第一版　2020年12月第二次印刷
定价：**19.00**元
ISBN 978-7-112-23930-6
（34207）

建筑施工特种作业人员
培训教材编委会

主　任：高　峰

副主任：王宇旻　陈海昌

委　员：金　强　朱利闽　朱　青　刘钦燕　张丽娟

　　　　陈晓苏　马　记　曹　俊　杜景鸣　查继明

　　　　高海明　周保建　樊路军　李朝蓬　王尚龙

　　　　张鹏程　何红阳

本书编审委员会

主　　编：李朝蓬

副主编：樊路军

编写成员：王尚龙

（本系列教材公共基础知识编写成员：金　强　朱利闽

　朱　青　刘　辉）

审　　稿：郁沁志

前　言

　　《中华人民共和国安全生产法》规定："生产经营单位的特种作业人员必须按照国家有关规定经专门的安全作业培训，取得相应资格，方可上岗作业"。建筑施工特种作业人员是指在房屋建筑和市政工程施工活动中，从事可能对本人、他人及周围设备设施的安全造成重大危害作业的人员。作为建设行业高危工种之一，其从业直接关系建筑施工质量安全，直接关系公民生命、财产安全和公共安全。

　　为进一步紧贴建筑施工特种作业人员职业素质和适岗能力的实际需要，编写委员会组织编写了《建筑电工》《建筑架子工》《附着式升降脚手架架子工》《建筑起重信号司索工》等24个工种的系列教材。该套教材既是相关工种培训考核的指导用书，又是一线建筑施工特种作业人员的实用工具书。

　　本套教材在编写过程中，得到了江苏省相关专家和部门的大力支持，在此一并表示感谢！因编者水平有限，难免会存在疏漏和不足之处，真诚希望广大同行和读者给予批评指正。

编者

二〇一九年五月

目 录

第一部分 公共基础知识

第一部分 公共基础知识

第一章 职业道德

第一节 道德的含义和基本内容

1. 道德的含义

道德是一种社会意识形态，是人们共同生活及其行为的准则与规范。

意识形态除了道德以外，还包括政治、法律、艺术、宗教、哲学和其他社会科学等意识形态，是对事物的理解、认知，对事物的感观思想，是观念、观点、概念、思想、价值观等要素的总和。如：对生命的认识和观点；对金钱物质的看法等。

道德往往代表着社会的正面价值取向，起到判断行为正当与否的作用。道德是以善恶为标准，通过社会舆论、内心信念和传统习惯来评价人的行为，调整人与人之间以及个人与社会之间相互关系的行动规范的总和。

2. 道德与法纪的关系

遵守道德是指按照社会道德规范行事，不做损害他人的事。遵守法纪是指遵守纪律和法律，按照规定行事，不违背纪律和法律的规定条文。法纪与道德既有区别也有联系，它们是两种重要的社会调控手段。

（1）法纪属于社会制度范畴，而道德属于社会意识形态范畴。道德侧重于自我约束，是行为主体"应当"的选择，依靠人们的内心信念、传统习惯和社会舆论发挥其作用，不具有强制力；而法纪则侧重于国家或组织的强制手段，是国家或组织制定和颁布，用以调整、约束和规范人们行为的权威性规则。

（2）遵守法纪是遵守道德的最低要求。道德一般又可分为两类：第一类是社会有序化要求的道德，是维系社会稳定所必不可少的最低限度的道德，如不得暴力伤害他人、不得用欺诈手段谋取利益、不得危害公共安全等；第二类是那些有助于提高生活质量、增进人与人之间紧密关系的原则，如博爱、无私、乐于助人、不损人利己等。第一类道德有时也会上升为法纪，通过制裁、处分或奖励的方法得以推行。而第二类道德是对人性较高要求的道德，一般不宜转化为法纪，需要通过教育、宣传和引导等手段来推行。法纪是道德的演化产物，其内容是道德范畴中最基本的要求，因此遵纪守法是遵守道德的最低要求。

（3）遵守道德是遵守法纪的坚强后盾。首先，法纪应包含最低限度的道德，没有道德基础的法纪，是无法获得人们的尊重和自觉遵守的。其次，道德对法纪的实施有保障作用，"徒善不足以为政，徒法不足以自行"，执法者职业道德的提高，守法者的法律意识、道德观念的加强，都对法纪的实施起着推动的作用。再者，道德又对法纪有补充作用，有些不宜由法纪调整的，或本应由法纪调整但因立法的滞后而尚"无法可依"的，道德约束往往就起到了必要的补充作用。

3. 公民道德的基本内容

公民道德主要包括社会公德、职业道德、家庭美德及个人品德四个方面。

（1）社会公德。公德是指与国家、组织、集体、民族、社会等有关的道德，社会公德是社会道德体系的社会层面，是维护社会公共生活正常进行的最基本的道德要求，是全体公民在社会交往和公共生活中应该遵循的行为准则，涵盖了人与人、人与社会、人与自然之间的关系。以文明礼貌、助人为乐、爱护公物、保护环境、遵纪守法为主要内容的社会公德，旨在鼓励人们在社会上做一个好公民。

（2）职业道德。职业道德是人们在职业生活中应当遵循的基本道德，是职业品德、职业纪律、专业能力及职业责任等的总称，它通过公约、守则等对职业生活中的某些方面加以规范。职业道德涵盖了从业人员与服务对象、职业与职工、职业与职业之间的关系；它既是对从业人员在职业活动中的行为要求，又是本行业对社会所承担的道德责任和义务。以爱岗敬业、诚实守信、办事公道、服务群众、奉献社会为主要内容的职业道德，旨在鼓励人们在工作中做一个好的建设者。

（3）家庭美德。家庭美德是调节家庭成员之间、邻里之间以及家庭与国家、社会、集体之间的行为准则，也是评价人们在恋爱、婚姻、家庭、邻里之间交往中的行为是非、善恶的标准。以尊老爱幼、男女平等、夫妻和睦、勤俭持家、邻里团结为主要内容的家庭美德，旨在鼓励人们在家庭生活里做一个好成员。

（4）个人品德。个人品德是一定社会的道德原则和规范在个人思想和行为中的体现，是一个人在其道德行为整体中所表现出来的比较稳定的、一贯的道德特点和倾向。个人品德是每个公民个人修养的体现，现代人应树立关爱、善待和宽厚的理念，对他人、对社会、对自然有关爱之心、善待之举和宽厚情怀。个人品德的内容包括很多，比如正直善良、谦虚谨慎、团结友爱、言行一致等。

社会公德、职业道德、家庭美德、个人品德这四个方面是一个有机的统一体，其外延由大到小，内涵由浅到深，共同构成一个完善的道德体系。在"四德"建设中，人的能动性及个人品德建设是至关重要的，个人品德的修养是树立道德意识、规范言行举止、建设和谐家庭、做好模范工作、维护社会和谐的基础。只有个人具备优良品德修养才能由己及人，才能由己及家庭、集体和社会。正确处理个人与社会、竞争与协作、经济效益与社会效益等关系，树立尊重人、理解人、关心人的理念，发扬社会主义人道主义精神，提倡为人民为社会多做好事、体现社会主义制度优越性、促进社会主义市场经济健康有序发展的良好道德风尚。

党的十八大对未来我国道德建设也做出了重要部署，强调依法治国和以德治国相结合，加强社会公德、职业道德、家庭美德、个人品德教育，弘扬中华传统美德，倡导时代新风，指出了道德修养的"四位一体"性。十八大报告中"推进公民道德建设工程，弘扬真善美、贬斥假恶丑，引导人们自觉履行法定义务、社会责任、家庭责任，营造劳动光荣、创造伟大的社会氛围，培育知荣辱、讲正气、作奉献、促和谐的良好风尚"，强调了社会氛围和社会风尚对公民道德品质的塑造；"深入开展道德领域突出问题专项教育和治理，加强政务诚信、商务诚信、社会诚信和司法公信建设"，突出了"诚信"这个道德建设的核心。

第二节　职业道德的基本特征和主要作用

1. 职业道德的概念

职业道德是指所有从业人员在职业活动中应该遵循的行为准则，是一定职业范围内的特殊道德要求，即整个社会对从业人员的职业观念、职业态度、职业技能、职业纪律和职业作风等方面的行为标准和要求。

职业道德是随着社会分工的发展，并出现相对固定的职业集团时产生的，人们的职业生活实践是职业道德产生的基础。特定的职业不但要求人们具备特定的知识和技能，而且要求人们具备特定的道德观念、情感和品质。各种职业集团，为了维护职业利益和信誉，适应社会的需要，从而在职业实践中，根据一般社会道德的基本要求，逐渐形成了职业道德规范。

职业道德是对从事这个职业所有人员的普遍要求，它不仅是所有从业人员在其职业活动中行为的具体表现，同时也是本职业对社会所负的道德责任与义务，是社会公德在职业生活中的具体化。每个从业人员，不论是从事哪种职业，在职业活动中都要遵守职业道德，如现代中国社会中教师要遵守教书育人、为人师表的职业道德，医生要遵守救死扶伤的职业道德，企业经营者要遵守诚实守信、公平竞争、合法经营的职业道德等。

具体来讲，职业道德的含义主要包括以下八个方面：

（1）职业道德是一种职业规范，普遍受社会的认可。

（2）职业道德是长期以来自然形成的。

（3）职业道德没有确定的形式，通常体现为观念、习惯、信念等。

（4）职业道德依靠文化、内心信念和习惯，通过职工的自律来实现。

（5）职业道德大多没有实质的约束力和强制力。

（6）职业道德的主要内容是对职业人员义务的要求。

（7）职业道德标准多元化，代表了不同企业可能具有不同的价值观。

（8）职业道德承载着企业文化和凝聚力，影响深远。

2. 职业道德的基本特征

职业道德是从业人员在一定的职业活动中应遵循的、具有自身职业特征的道德要求和行为规范。职业道德具有以下几个特点：

（1）普遍性。从业者应当共同遵守基本职业道德行为规范，且在全世界的所有职业者都有着基本相同的职业道德规范。

（2）行业性。职业道德具有适用范围的有限性，每种职业都担负着一定的职业责任和职业义务，由于各种职业的职业责任和义务不同，从而形成各自特定的职业道德的具体规范。职业道德的内容与职业实践活动紧密相连，反映着特定职业活动对从业人员行为的道德要求。

（3）继承性。职业道德具有发展的历史继承性，由于职业具有不断发展和世代延续的特征，不仅其技术世代延续，其管理员工的方法、与服务对象打交道的方式，也有一定历史继承性。在长期实践过程中形成的职业道德内容，会被作为经验和传统继承下来，如"有教无类""学而不厌，诲人不倦"，从古至今都是教师的职业道德。

（4）实践性。一个从业者的职业道德知识、情感、意志、信念、觉悟、良心等都必须通过职业的实践活动，在自己的行为中表现出来，并且接受行业职业道德的评价和自我评价。

（5）多样性。职业道德表达形式多种多样，不同的行业和不同的职业，有不同的职业道德标准，且表现形式灵活。职业道德的表现形式总是从本职业的交流活动实际出发，采用诸如制度、守则、公约、承诺、誓言、条例等形式，以至标语口号之类来加以体现，既易于为从业人员所接受和实行，而且便于形成一种职业的道德习惯。

（6）自律性。从业者通过对职业道德的学习和实践，逐渐培养成较为稳固的职业道德品质，良好的职业道德形成以后，又会在工作中逐渐形成行为上的条件反射，自觉地选择有利于社会、有利于集体的行为，这种自觉就是通过自我内心职业道德意识、觉悟、信念、意志、良心的主观约束控制来实现的。

（7）他律性。道德行为具有受舆论影响的特征，在职业生涯中，从业人员随时都受到所从事职业领域的职业道德舆论的影响。实践证明，创造良好的职业道德社会氛围、职业环境，并通过职业道德舆论的宣传、监督，可以有效地促进人们自觉遵守职业道德，并实现互相监督，共同提升道德境界。

3. 职业道德的主要作用

在现代社会里，人人都是服务对象，人人又都为他人服务。社会对人的关心、社会的安宁和人们之间关系的和谐，是同各个岗位上的服务态度、服务质量密切相关的。在构建和谐社会的新形势下，大力加强社会主义职业道德建设，具有十分重要的作用。

（1）加强职业道德是提高职业人员责任心的重要途径

职业道德要求把个人理想同各行各业、各个单位的发展目标结合起来，同个人的岗位职责结合起来，以增强员工的职业观念、职业事业心和职业责任感。职业道德要求员工在本职工作中不怕艰苦，勤奋工作，既要团结协作，又争个人贡献，既讲经济效益，又讲社会效益。加强职业道德要求紧密联系本行业本单位的实际，有针对性地解决存在的问题。

（2）加强职业道德是促进企业和谐发展的迫切要求

职业道德的基本职能是调节职能，一方面可以调节从业人员内部的关系，即运用职业道德规范约束职业内部人员的行为，促进职业内部人员的团结与合作，加强职业、行业内部人员的凝聚力；另一方面，职业道德又可以调节从业人员与服务对象之间的关系，用来塑造本职业从业人员的社会形象。

企业是具有社会性的经济组织，在企业内部存在着各种复杂的关系，这些关系既有相互协调的一面，也有矛盾冲突的一面，如果解决不好，将会影响企业的凝聚力。这就要求企业所有的员工具有较高的职业道德觉悟，从大局出发，光明磊落、相互谅解、相互宽容、相互信赖、同舟共济，而不能意气用事、互相拆台。企业内部上下级之间、部门之间、员工之间团结协作，使企业真正成为一个具有社会主义精神风貌的和谐集体。

（3）加强职业道德是提高企业竞争力的必要措施

当前市场竞争激烈，各行各业都讲经济效益，要求企业的经营者在竞争中不断开拓创新。但行业之间为了自身的利益，会产生很多新的矛盾，形成自我力量的抵消，使一些企业的经营者在竞争中单纯追求利润、产值，不求质量，或者以次充好、以假乱真，不顾社会效益，损害国家、人民和消费者的利益，企业得到的只能是短暂的收益，失去的是消费者的信任，也就失去了生存和发展的源泉，难以在竞争的激流中屹立不倒。在企业中加强职业道德使得企业在追求自身利润的同时，又能创造好的社会效益，从而提升企业形象，赢得持久而稳定的市场份额；同时，也使企业内部员工之间相互尊重、相互信任、相互合作，从而提高企业凝聚力，企业方能在竞争中稳步发展。

（4）加强职业道德是个人健康发展的基本保障

市场经济对于职业道德建设有其积极一面，也有消极的一面，它的自发性、自由性、注重经济效益的特性，导致一些人"一切向钱看"，唯利是图，不择手段追求经济效益，从而走入歧途，断送前程。提高从业人员的道德素质，树立职业理想，增强职业责任感，形成良好的职业行为，抵抗物欲诱惑，不被利欲所熏心，才能脚踏实地在本行业中追求进步。在社会主义市场经济条件下，只有具备职业道德精神的从业人员，才能在社会中站稳脚跟，成为社会的栋梁之材，在为社会创造效益的同时，也保障了自身的健康发展。

（5）加强职业道德是提高全社会道德水平的重要手段

职业道德是整个社会道德的主要内容，它一方面涉及每个从业者如何对待职业，如何对待工作，同时也是一个从业人员的生活态度、价值观念的表现，是一个人的道德意识和道德行为发展到成熟阶段的体现，具有较强的稳定性和连续性。另一方面，职业道德也是一个职业集体甚至一个行业全体人员的行为表现，如果每个行业、每个职业集体都具备优良的道德，那么对整个社会道德水平的提高就会发挥重要作用。

第三节　建设行业职业道德建设

1. 加强职业道德建设，践行社会主义核心价值观

"国无德不兴，人无德不立。"习近平总书记指出："核心价值观，其实就是一种德，既是个人的德，也是一种大德，就是国家的德、社会的德。"因此，"必须加强全社会的思想道德建设，激发人们形成善良的道德意愿、道德情感，培育正确的道德判断和道德责任，提高道德实践能力尤其是自觉践行能力，引导人们向往和追求讲道德、尊道德、守道德的生活，形成向上的力量、向善的力量。"培育社会主义核心价值观，首先要培植一种有益于国家、社会、他人的道德。

党的十八大提出，倡导富强、民主、文明、和谐，倡导自由、平等、公正、法治，倡导爱国、敬业、诚信、友善，积极培

育和践行社会主义核心价值观。富强、民主、文明、和谐是国家层面的价值目标，自由、平等、公正、法治是社会层面的价值取向，爱国、敬业、诚信、友善是公民个人层面的价值准则。"富强、民主、文明、和谐；自由、平等、公正、法治；爱国、敬业、诚信、友善"，这 24 个字是社会主义核心价值观的基本内容。践行社会主义核心价值观对于道德建设具有重要的指导意义，而加强道德建设又对践行社会主义核心价值观发挥着基础性作用，两者互有联系，相辅相成。

建设行业是社会主义现代化建设中的一个十分重要的行业。工厂、住宅、学校、商店、医院、体育场馆、文化娱乐设施等的建设，都离不开建设行为，它以满足人民群众日益增长的物质文化生活需要为出发点。建设行业职业道德是社会主义核心价值观、社会主义道德规范在建设行业的具体体现。

2. 结合建设行业特点和现实，加强职业道德建设

（1）职业道德建设的行业特点

以建设行业中建筑为例，专业多、岗位多、从业人员多且普遍文化程度较低、综合素质相对不高；条件艰苦，任务繁重，露天作业、高空作业，常年日晒雨淋，生产生活场所条件艰苦，安全设施落后和不足，作业存在安全隐患，安全事故频发；施工涉及面大，人员流动性强，四海为家，四处奔波，难以接受长期定点的培训教育；工种之间联系紧密，各专业、各工种、各岗位前后延续共同完成工程的建设；具有较强的社会性，一座建筑物凝聚了多方面的努力，体现了其社会价值和经济价值。同时，随着国民经济的发展，建筑行业地位和作用也越来越重要，行业发展关乎国计民生。因此，对从业人员开展及时的、各类形式灵活多样的教育培训，提高道德素质、文化水平、专业知识和职业技能；结合行业特点，加强团结协作教育、服务意识教育和职业道德教育，一切为了社会广大人民和子孙后代的利益，坚持社会主义、集体主义原则，严谨务实、艰苦奋斗、多出精品优质工程，体现其社会价值和经济价值尤为重要。

（2）职业道德建设的行业现实

一个建筑物的诞生或一项工程的竣工需要有良好的设计、周密的施工、合格的建筑材料和严格的检验与监督。近几年来，出现设计结构不合理，计算偏差，不考虑相关因素的情况，埋下重大隐患；施工过程中秩序混乱；建筑材料伪劣产品层出不穷；金钱、人情关系扰乱工程安全质量监督，质量安全事故屡见不鲜。作为百年大计的工程建设产品，如果质量差，损失和危害将无法估量。例如5·12汶川大地震中某些倒塌的问题房屋，杭州地铁坍塌，上海、石家庄在建楼房倒塌事件等。造成这些问题的因素很多，但是道德因素是其中最重要的因素之一。再如，面对激烈的市场竞争，一些建筑企业为了拿到工程项目，使用各种手段，其中手段之一就是盲目压价，用根本无法完成工程的价格去投标。中标后就在设计、施工、材料等方面做文章，启用非法设计人员搞黑设计；施工中偷工减料；材料上买低价伪劣产品，最终，使建筑物的"百年大计"大大打了折扣。因此，大力加强建设行业职业道德建设，营造市场经济良好环境，经济效益和社会效益并重尤为紧迫。

3. 建设行业职业道德要求

根据住房和城乡建设部发布的《建筑业从业人员职业道德规范（试行）》，对建筑从业人员共同职业道德规范要求如下：

（1）热爱事业，尽职尽责

热爱建筑事业，安心本职工作，树立职业责任感和荣誉感，发扬主人翁精神，尽职尽责，在生产中不怕苦，勤勤恳恳，努力完成任务。

（2）努力学习，苦练硬功

努力学文化，学知识，刻苦钻研技术，熟练掌握本工种的基本技能，练就一身过硬本领。努力学习和运用先进的施工方法，钻研建筑新技术、新工艺、新材料。

（3）精心施工，确保质量

树立"百年大计、质量第一"的思想，按设计图纸和技术规范精心操作，确保工程质量，用优良的成绩树立建筑工人形象。

（4）安全生产，文明施工

树立安全生产意识，严格安全操作规程，杜绝一切违章作业现象，确保安全生产无事故。维护施工现场整洁，在争创安全文明标准化现场管理中作出贡献。

（5）节约材料，降低成本

发扬勤俭节约优良传统，在操作中珍惜一砖一木，合理使用材料，认真做好落手清、现场清，及时回收材料，努力降低工程成本。

（6）遵章守纪，维护公德

要争做文明员工，模范遵守各项规章制度，发扬团结互助精神，尽力为其他工种提供方便。

4. 特种作业人员职业道德核心内容

（1）安全第一

坚持"生产必须安全，安全为了生产"的意识，严格遵守操作规程。操作人员要强化安全意识，认真执行安全生产的法律、法规、标准和规范，严格执行操作规程和程序，杜绝一切违章作业，不野蛮施工，不乱堆乱扔。

（2）诚实守信

诚实守信作为社会主义职业道德的基本规范，是和谐社会发展的必然要求，它不仅是建设领域职工安身立命的基础，也是企业赖以生存和发展的基石。操作人员要言行一致，表里如一，真实无欺，相互信任，遵守诺言，忠实地履行自己应当承担的责任和义务。

（3）爱岗敬业

爱岗就是热爱自己的工作岗位，敬业就是要用一种恭敬严肃的态度对待自己的工作。操作人员应当热爱本职工作，不怕苦、不怕累，认真负责，集中精力，精心操作，密切配合其他工种施工，确保工程质量，使工程如期完成。这是社会对每个从业者的要求，更应当是每个从业者对自己的自觉约束。

（4）钻研技术

操作人员要努力学习科学文化知识，刻苦钻研专业技术，苦练硬功，扎实工作，熟练掌握本工作的基本技能，努力学习和运用先进的施工方法，精通本岗位业务，不断提高业务能力。

（5）保护环境

文明操作，防止损坏他人和国家财产。讲究施工环境优美，做到优质、高效、低耗。做到不乱排污水，不乱倒垃圾，不影响交通，不扰民施工。

第二章 建筑施工特种作业人员和管理

第一节 建筑施工特种作业

1. 建筑施工特种作业概念

建筑施工特种作业人员是指在房屋建筑和市政工程施工活动中，从事对本人、他人的生命健康及周围设施的安全可能造成重大危害的作业人员。

特种作业有着不同的危险因素，《中华人民共和国安全生产法》规定：生产经营单位的特种作业人员必须按照国家有关规定经专门的安全作业培训，取得相应资格，方可上岗作业。

2. 建筑施工特种作业工种

（1）住房和城乡建设部《建筑施工特种作业人员管理规定》（建质〔2008〕75号）所确定的建筑施工特种作业人员包括：

1）建筑电工。

2）建筑架子工。

3）建筑起重信号司索工。

4）建筑起重机械司机。

5）建筑起重机械安装拆卸工。

6）高处作业吊篮安装拆卸工。

7）经省级以上人民政府建设主管部门认定的其他特种作业。

（2）《江苏省建筑施工特种作业人员管理暂行办法》（苏建管质〔2009〕5号），规定了江苏省的建筑施工特种作业人员包括：

1）建筑电工。

2）建筑架子工。

3）建筑起重信号司索工。

4）建筑起重机械司机。

5）建筑起重机械安装拆卸工。

6）高处作业吊篮安装拆卸工。

7）建筑焊工。

8）建筑起重机械安装质量检验工。

9）桩机操作工。

10）建筑混凝土泵操作工。

11）建筑施工现场场内机动车司机。

12）其他特种作业人员。

目前，江苏省又将"建筑施工现场场内机动车司机"细分为："建筑施工现场场内叉车司机""建筑施工现场场内装载机司机""建筑施工现场场内翻斗车司机""建筑施工现场场内推土机司机""建筑施工现场场内挖掘机司机""建筑施工现场场内压路机司机""建筑施工现场场内平地机司机""建筑施工现场场内沥青混凝土摊铺机司机"等。

第二节　建筑施工特种作业人员

按照住房和城乡建设部与江苏省建设行政主管部门的规定，从事建筑施工特种作业的人员应当取得建筑施工特种作业人员操作资格证书，方可上岗从事相应作业。

1. 年龄及身体要求

年满 18 周岁且符合相应特种作业规定的年龄要求。

近 3 个月内经二级乙等以上医院体检合格且无听觉障碍、无色盲，无妨碍从事本工种的疾病（如癫痫病、高血压、心脏病、眩晕症、精神病和突发性昏厥症等）和生理缺陷。

2. 学历要求

初中及以上学历。其中，报考建筑起重机械安装质量检验工（塔式起重机、施工升降机）的人员，应符合下列条件之一：

（1）具有工程机械（建筑机械）类、电气类大专以上学历或工程机械（建筑机械）类、电气类、安全工程类助理工程师任职资格，并从事起重机设计、制造、安装调试、维修、操作、检验工作 2 年及其以上。

（2）具有工程机械（建筑机械）类、电气类中专、理工科（非起重专业）大专以上学历或工程机械（建筑机械）类、电气类、安全工程类技术员任职资格，并从事起重机设计、制造、安装调试、维修、操作、检验工作 3 年及其以上。

（3）具有高中学历并从事起重机设计、制造、安装调试、维修、操作、检验工作 5 年及其以上。

3. 考核要求

（1）报名

全省建筑施工特种作业人员考核、发证及管理系统集成在"江苏省建筑业监管信息平台 2.0"上。建筑施工企业人员可由企业统一组织通过监管信息平台直接报名，非建筑施工企业人员向所在地考核基地报名，填报相应工种，经市县建设（筑）主管部门资格审查合格后，到经省建设行政主管部门认定的建筑施工特种作业考核基地，进行培训后参加考核。

凡申请考核、延期复核、换证的人员均须进行二代身份证信息和指静脉信息采集。采集入库的二代身份证和指静脉信息，将作为今后个人进行考核、延期复核、换证、查验的依据，如信息不吻合，将影响上述有关事项的办理。

企业可自行采集本企业申报人员二代身份证信息，指纹信息须由申报人员至考核基地进行现场采集。

（2）考核

建筑施工特种作业人员考核包括安全技术理论和安全操作技能。

考核内容分掌握、熟悉、了解三类。其中掌握即要求能运用相关特种作业知识解决实际问题；熟悉即要求能较深理解相关特种作业安全技术知识；了解即要求具有相关特种作业的基本知识。

（3）考核办法

1）安全技术理论考核。采用无纸化网络闭卷考试方式，考试时间为 2 小时，实行百分制，60 分为合格。其中，安全生产基本知识占 25%，专业基础知识占 25%，专业技术理论占 50%。

2）安全操作技能考核。采用实际操作（或模拟操作）、口试等方式，考核实行百分制，70 分为合格。

3）参考人员在安全技术理论考核合格后，方可参加实际操作技能考核。同一工种的实操考核时间不得早于理论考核时间，在实际操作技能考核合格后，可以取得相应的建筑施工特种作业人员操作资格。

4. 发证

（1）按照住房和城乡建设部《建筑施工特种作业人员管理规定》（建质〔2008〕75 号）的规定，考核发证机关对于考核合格的，应当自考核结果公布之日起 10 个工作日内颁发资格证书。资格证书采用国务院建设主管部门统一规定的式样，由考核发证机关编号后签发。资格证书在全国通用。

（2）江苏省建设行政主管部门从 2017 年下半年开始，试行发放"电子证书"。此项工作得到了住房和城乡建设部的同意。2017 年 10 月 18 日，江苏省政务服务管理办公室与省住房和城乡建设厅联合发文《关于启用住房城乡建设领域从业人员考核合格电子证书使用的有关通知》（省政务办发〔2017〕66 号），文件规定从 2017 年 12 月 1 日起，全面启用电子证书，停发同名纸质证书。根据《中华人民共和国电子签名法》规定，可靠的电子证书具备与同名纸质证书相同效力。省住房和城乡建设厅核发的电子证书，各地在公共资源交易、资质核准予以认可。

（3）电子证书式样（图 2-1）

图 2-1 电子证书的样式

第三节 建筑施工特种作业人员的权利

1. 获得劳动安全卫生的保护权利

建筑施工特种作业人员有获得用人单位提供符合国家规定的劳动安全卫生条件和必要的劳动防护用品的权利；并且有要求按照规定获得职业病健康体检、职业病诊疗、康复等职业病防治服务的权利。

2. 对安全生产状况的知情、参与和建议的权利

建筑施工特种作业人员有获得所从事的特种作业，可能面临的任何潜在危险、职业危害，安全与健康可能造成的后果的知情权；有参与判别和解决所面临的劳动安全卫生问题的权利；有对本单位的安全生产和劳动安全卫生工作建议的权利。

3. 接受职业技能教育培训的权利

建筑施工特种作业人员有接受职业技能教育和安全生产知识培训的权利，以获得对工作环境、生产过程、机械设备和危险物质等方面的有关安全卫生知识。

4. 拒绝违章指挥和强令冒险作业的权利

建筑施工特种作业人员在单位领导或者有关工程技术人员违章指挥，或者在明知存在危险因素而没有采取安全保护措施，强迫命令操作人员作业时，有拒绝工作的权利。

5. 危险状态下的紧急避险权利

在生产劳动过程中，当发现危及作业人员生命安全的情况时，作业人员有权停止工作或者撤离现场。

6. 安全生产活动的监督与批评、检举、控告和申诉的权利

建筑施工特种作业人员对用人单位遵守劳动安全卫生法律法规和标准，履行保护工人安全健康的责任的情况，有监督的权利。对用人单位违反劳动安全卫生法律法规和标准，不履行其责任的情况，作业人员有批评、检举和控告的权利。在劳动保护等方面受到用人单位不公正待遇时，作业人员有向有关部门提出申诉的权利。

对作业人员的检举、控告和申诉，建设行政主管部门和其他有关部门应当查清事实，认真处理，不得压制和打击报复。

用人单位不得因作业人员对本单位安全生产工作提出批评、检举、控告或者拒绝违章指挥、强令冒险作业及向有关部门提出申诉而降低其工资、福利等待遇或者解除与其订立的劳动合同。

7. 依法获得工伤保险的权利

生产经营单位必须依法参加工伤社会保险，为从业人员缴纳保险费。建筑施工企业必须为从事危险作业的职工办理意外伤害保险，支付保险费。当作业人员发生工伤事故时，有权依法获得相关保险的权利。

第四节　建筑施工特种作业人员的义务

1. 遵守有关安全生产的法律、法规和规章的义务

建筑施工特种作业人员在施工活动中，应当遵守有关安全生产的法律、法规和规章。遵守建筑施工安全强制性标准和用人单位的规章制度，严格按照操作规程操作，做到不违规作业、不违章作业。

2. 提高职业技能和安全生产操作水平的义务

建筑施工特种作业人员面对建筑施工活动中的复杂性和多样性，要不断提高职业技能水平。在未上岗之前应参加岗前技能培训和安全生产操作能力的培训，掌握安全操作知识和技能，取得相应合格证书后方可上岗工作。已在工作岗位上的人员，还必须经常性地参加有关教育培训，熟练掌握本工种的各项安全操作技能，不断提高职业技能和安全生产操作水平。

3. 遵守劳动纪律的义务

建筑施工特种作业人员应严格遵守用人单位的劳动纪律。劳动纪律是用人单位为形成和维持生产经营秩序，保证劳动合同得以履行，要求全体员工在集体劳动、工作、生活过程中以及与劳动、工作紧密相关的其他过程中必须共同遵守的规则。

4. 发现事故隐患和其他不安全因素，立即报告的义务

建筑施工特种作业人员在施工现场直接承担具体的作业活动，更容易发现事故隐患或者其他不安全因素，一旦发现事故隐患或者其他不安全因素，作业人员应当立即向现场安全生产管理人员或者本单位负责人报告，不得隐瞒不报或者拖延报告。如果作业人员发现所报告的事故隐患或者其他不安全因素得不到解决，作业人员也可以越级上报。

5. 完成生产任务的义务

建筑施工特种作业人员完成合理的生产任务是应尽的义务，也是取得劳动报酬的基本条件。作业人员在完成合理生产任务的前提下，还应该保证质量，争做生产劳动的积极分子，为企业经济效益、为社会财富的积累、为国家的发展做出自己应有的贡献。

第五节 建筑施工特种作业人员的管理

根据住房和城乡建设部的规定，省、自治区、直辖市人民政府建设主管部门或者其委托的考核机构负责本行政区域内建筑施工特种作业人员的考核工作。

1. 建设行政主管部门的管理职责

（1）省建设行政主管部门的管理职责

1）负责全省范围内建筑施工特种作业人员的考核监督管理工作。

2）研究制定特种作业人员执业资格考核标准、考核大纲，建立相应工种的试题库。

3）认证特种作业人员执业资格考核基地。

4）负责特种作业人员执业资格考核工作的师资教育培训，监督管理考核考务工作。

5）负责特种作业人员执业证书的颁发和管理。

6）负责特种作业人员统计信息工作。

7）其他监督管理工作。

（2）受委托的市、县建设（筑）行政主管部门的管理职责

1）负责本行政区域内特种作业人员的监督管理工作，制定本地区特种作业人员考核发证管理制度，建立本地区特种作业人员档案。

2）负责考核基地的初审和考评人员的日常管理。

3）负责特种作业人员考核工作的组织实施。

4）负责特种作业人员考核、延期复核、换证的市、县分级审核。

5）负责特种作业人员执业继续教育。

6）负责特种作业人员的统计信息工作。

7）监督检查特种作业人员的从业活动，查处违章行为并记录在档。

8）其他监督管理工作。

2. 用人单位的管理职责

（1）用人单位对于首次取得执业资格证书的人员，应当在其正式上岗前安排不少于 3 个月的实习操作。实习操作期间，用人单位应当指定专人指导和监督作业。实习操作期满经用人单位考核合格方可独立作业（所指定的专人应当从已取得相应特种作业资格证书、从事相关工作 3 年以上、无不良记录的熟练工中选取）。

（2）与持有效执业资格证书的特种作业人员订立劳动合同。

（3）制定并落实本单位特种作业安全操作规程和安全管理制度。

（4）书面告知特种作业人员违章操作的危害。

（5）向特种作业人员提供齐全、合格的安全防护用品和安全的作业条件。

（6）组织或者委托有能力的培训机构对本单位特种作业人员进行年度安全生产教育培训或者继续教育，时间不少于 24 小时。

（7）建立本单位特种作业人员管理档案。

（8）查处特种作业人员违章行为并记录在档。

（9）法律法规及有关规定明确的其他职责。

3. 特种作业人员应履行的职责

（1）严格遵守国家有关安全生产规定和本单位的规章制度，按照安全技术标准、规范和规程进行作业。

（2）正确佩戴和使用安全防护用品，并按规定对作业工具和设备进行维护保养。

（3）在施工中发生危及人身安全的紧急情况时，有权立即停止作业或者撤离危险区域，并向施工现场专职安全生产管理人员和项目负责人报告。

（4）自觉参加年度安全教育培训或者继续教育，每年不得少于 24 小时。

(5) 拒绝违章指挥，并制止他人违章作业。

(6) 法律法规及有关规定明确的其他职责。

4. 特种作业人员资格证书的延期

建筑施工特种作业人员执业资格证书有效期为 2 年。有效期满需要延期的，持证人员本人应当在期满前 3 个月内，向原市县考核受理机关提出申请，市县建设行政主管部门初审后，向省建设行政主管部门申请办理延期复核相关手续。延期复核合格的，证书有效期延期 2 年。

(1) 特种作业人员申请资格证书延期复核，应当提交下列材料：

1) 延期复核申请表。

2) 身份证（原件和复印件）。

3) 近 3 个月内由二级乙等以上医院出具的体检合格证明。

4) 年度安全教育培训证明和继续教育证明。

5) 用人单位出具的特种作业人员管理档案记录。

6) 规定提交的其他资料。

(2) 特种作业人员在资格证书有效期内，有下列情形之一的，延期复核结果为不合格：

1) 超过相关工种规定年龄要求的。

2) 身体健康状况不再适应相应特种作业岗位的。

3) 对生产安全事故负有直接责任的。

4) 2 年内违章操作记录达 3 次（含 3 次）以上的。

5) 未按规定参加年度安全教育培训或者继续教育的。

6) 规定的其他情形。

(3) 市县建设行政主管部门在接到特种作业人员提交的延期复核申请后，应当根据下列情况分别作出处理：

1) 对于不符合延期复核申请相关情形的，市县建设行政主管部门自收到延期复核资料之日起 5 个工作日内作出不予延期决定，并说明理由。

2）对于提交资料齐全且符合延期复审申请相关情形的，省建设行政主管部门自收到市县建设行政主管部门延期复核相关手续之日起 10 个工作日内办理准予延期复核手续。

（4）省建设行政主管部门应当在资格证书有效期满前按相关规定作出决定，逾期未作出决定的，视为延期复核合格。

5. 特种作业人员资格证书的撤销与注销

（1）省建设行政主管部门对有下列情形之一的，应当撤销资格证书：

1）持证人弄虚作假骗取资格证书或者办理延期手续的。

2）工作人员违法核发资格证书的。

3）持证人员因安全生产责任事故承担刑事责任的。

4）规定应当撤销的其他情形。

（2）省建设行政主管部门对有下列情形之一的，应当注销资格证书：

1）按规定不予延期的。

2）持证人逾期未申请办理延期复核手续的。

3）持证人死亡或者不具有完全民事行为能力的。

4）本人提出要求的。

5）规定应当注销的其他情形。

6. 特种作业人员管理的其他要求

（1）持有特种作业资格证书的执业人员，应当受聘于建筑施工企业或者建筑起重机械出租单位（以下简称用人单位），方可从事相应的特种作业。

（2）任何单位和个人不得非法涂改、倒卖、出租、出借或者以其他形式转让资格证书。

（3）特种作业人员变动工作单位，任何单位和个人不得以任何理由非法扣押其执业资格证书。

（4）各地应当建立举报制度，公开举报电话或者电子信箱，受理有关特种作业人员考核、发证以及延期复核的举报。对受理的举报，有关机关和工作人员应当及时妥善处理。

第三章　建筑施工安全生产相关法规及管理制度

第一节　建筑安全生产相关法律主要内容

《中华人民共和国宪法》规定：国家通过各种途径，创造劳动就业条件，加强劳动保护，改善劳动条件，并在发展生产的基础上，提高劳动报酬和福利待遇。

劳动是一切有劳动能力的公民的光荣职责。国有企业和城乡集体经济组织的劳动者都应当以国家主人翁的态度对待自己的劳动。国家提倡社会主义劳动竞赛，奖励劳动模范和先进工作者。

1.《中华人民共和国建筑法》相关内容

（1）建筑活动应当确保建筑工程质量和安全，符合国家的建筑工程安全标准。

（2）从事建筑活动应当遵守法律、法规，不得损害社会公共利益和他人的合法权益。

（3）建筑工程安全生产管理必须坚持安全第一、预防为主的方针，建立健全安全生产的责任制度和群防群治制度。

（4）建筑施工企业应当在施工现场采取维护安全、防范危险、预防火灾等措施；有条件的，应当对施工现场实行封闭管理。

施工现场对毗邻的建筑物、构筑物和特殊作业环境可能造成损害的，建筑施工企业应当采取安全防护措施。

（5）建筑施工企业应当遵守有关环境保护和安全生产的法律、法规的规定，采取控制和处理施工现场的各种粉尘、废气、废水、固体废物以及噪声、振动对环境的污染和危害的措施。

（6）建筑施工企业必须依法加强对建筑安全生产的管理，执行安全生产责任制度，采取有效措施，防止伤亡和其他安全生产事故的发生。

建筑施工企业的法定代表人对本企业的安全生产负责。

（7）施工现场安全由建筑施工企业负责。实行施工总承包的，由总承包单位负责。分包单位向总承包单位负责，服从总承包单位对施工现场的安全生产管理。

（8）建筑施工企业应当建立健全劳动安全生产教育培训制度，加强对职工安全生产的教育培训；未经安全生产教育培训的人员，不得上岗作业。

（9）建筑施工企业和作业人员在施工过程中，应当遵守有关安全生产的法律、法规和建筑行业安全规章、规程，不得违章指挥或者违章作业。作业人员有权对影响人身健康的作业程序和作业条件提出改进意见，有权获得安全生产所需的防护用品。作业人员对危及生命安全和人身健康的行为有权提出批评、检举和控告。

（10）建筑施工企业应当依法为职工参加工伤保险缴纳工伤保险费。鼓励企业为从事危险作业的职工办理意外伤害保险，支付保险费。

（11）施工中发生事故时，建筑施工企业应当采取紧急措施减少人员伤亡和事故损失，并按照国家有关规定及时向有关部门报告。

2. 《中华人民共和国安全生产法》相关内容

（1）生产经营单位必须遵守本法和其他有关安全生产的法律、法规，加强安全生产管理，建立、健全安全生产责任制和安全生产规章制度，改善安全生产条件，推进安全生产标准化建设，提高安全生产水平，确保安全生产。

（2）有关协会组织依照法律、行政法规和章程，为生产经营单位提供安全生产方面的信息、培训等服务，发挥自律作用，促进生产经营单位加强安全生产管理。

（3）国家实行生产安全事故责任追究制度，依照本法和有关法律、法规的规定，追究生产安全事故责任人员的法律责任。

（4）生产经营单位应当对从业人员进行安全生产教育和培训，保证从业人员具备必要的安全生产知识，熟悉有关的安全生产规章制度和安全操作规程，掌握本岗位的安全操作技能，了解事故应急处理措施，知悉自身在安全生产方面的权利和义务。未经安全生产教育和培训合格的从业人员，不得上岗作业。

（5）生产经营单位的特种作业人员必须按照国家有关规定经专门的安全作业培训，取得相应资格，方可上岗作业。

（6）生产经营单位应当建立健全生产安全事故隐患排查治理制度，采取技术、管理措施，及时发现并消除事故隐患。事故隐患排查治理情况应当如实记录，并向从业人员通报。

（7）承担安全评价、认证、检测、检验的机构应当具备国家规定的资质条件，并对其作出的安全评价、认证、检测、检验的结果负责。

（8）负有安全生产监督管理职责的部门应当建立举报制度，公开举报电话、信箱或者电子邮件地址，受理有关安全生产的举报；受理的举报事项经调查核实后，应当形成书面材料；需要落实整改措施的，报经有关负责人签字并督促落实。

（9）任何单位或者个人对事故隐患或者安全生产违法行为，均有权向负有安全生产监督管理职责的部门报告或者举报。

（10）新闻、出版、广播、电影、电视等单位有进行安全生产宣传教育的义务，有对违反安全生产法律、法规的行为进行舆论监督的权利。

3.《中华人民共和国特种设备安全法》相关内容

（1）特种设备生产、经营、使用单位应当遵守本法和其他有关法律、法规，建立、健全特种设备安全和节能责任制度，加强特种设备安全和节能管理，确保特种设备生产、经营、使用安全，符合节能要求。

（2）任何单位和个人有权向负责特种设备安全监督管理的部

门和有关部门举报涉及特种设备安全的违法行为，接到举报的部门应当及时处理。

（3）特种设备生产、经营、使用单位及其主要负责人对其生产、经营、使用的特种设备安全负责。

特种设备生产、经营、使用单位应当按照国家有关规定配备特种设备安全管理人员、检测人员和作业人员，并对其进行必要的安全教育和技能培训。

（4）特种设备安全管理人员、检测人员和作业人员应当按照国家有关规定取得相应资格，方可从事相关工作。特种设备安全管理人员、检测人员和作业人员应当严格执行安全技术规范和管理制度，保证特种设备安全。

（5）特种设备使用单位应当建立岗位责任、隐患治理、应急救援等安全管理制度，制定操作规程，保证特种设备安全运行。

（6）特种设备使用单位应当建立特种设备安全技术档案。

安全技术档案应当包括以下内容：

1）特种设备的设计文件、产品质量合格证明、安装及使用维护保养说明、监督检验证明等相关技术资料和文件。

2）特种设备的定期检验和定期自行检查记录。

3）特种设备的日常使用状况记录。

4）特种设备及其附属仪器仪表的维护保养记录。

5）特种设备的运行故障和事故记录。

（7）特种设备的使用应当具有规定的安全距离、安全防护措施。

（8）特种设备使用单位应当对其使用的特种设备进行经常性维护保养和定期自行检查，并作出记录。

特种设备使用单位应当对其使用的特种设备的安全附件、安全保护装置进行定期校验、检修，并作出记录。

（9）特种设备使用单位应当按照安全技术规范的要求，在检验合格有效期届满前一个月向特种设备检验机构提出定期检验要求。

特种设备检验机构接到定期检验要求后，应当按照安全技术规范的要求及时进行安全性能检验。特种设备使用单位应当将定期检验标志置于该特种设备的显著位置。

未经定期检验或者检验不合格的特种设备，不得继续使用。

（10）特种设备安全管理人员应当对特种设备使用状况进行经常性检查，发现问题应当立即处理；情况紧急时，可以决定停止使用特种设备并及时报告本单位有关负责人。

特种设备作业人员在作业过程中发现事故隐患或者其他不安全因素，应当立即向特种设备安全管理人员和单位有关负责人报告；特种设备运行不正常时，特种设备作业人员应当按照操作规程采取有效措施保证安全。

（11）特种设备出现故障或者发生异常情况，特种设备使用单位应当对其进行全面检查，消除事故隐患，方可继续使用。

（12）负责特种设备安全监督管理的部门在依法履行监督检查职责时，可以行使下列职权：

1）进入现场进行检查，向特种设备生产、经营、使用单位和检验、检测机构的主要负责人和其他有关人员调查、了解有关情况。

2）根据举报或者取得的涉嫌违法证据，查阅、复制特种设备生产、经营、使用单位和检验、检测机构的有关合同、发票、账簿以及其他有关资料。

3）对有证据表明不符合安全技术规范要求或者存在严重事故隐患的特种设备实施查封、扣押。

4）对流入市场的达到报废条件或者已经报废的特种设备实施查封、扣押。

5）对违反本法规定的行为作出行政处罚决定。

（13）特种设备使用单位应当制定特种设备事故应急专项预案，并定期进行应急演练。

（14）特种设备发生事故后，事故发生单位应当按照应急预案采取措施，组织抢救，防止事故扩大，减少人员伤亡和财产损失，保护事故现场和有关证据，并及时向事故发生地县级以上人民政府负责特种设备安全监督管理的部门和有关部门报告。

与事故相关的单位和人员不得迟报、谎报或者瞒报事故情况，不得隐匿、毁灭有关证据或者故意破坏事故现场。

4. 《中华人民共和国劳动合同法》相关内容

（1）用人单位自用工之日起即与劳动者建立劳动关系。用人单位应当建立职工名册备查。

（2）用人单位招用劳动者时，应当如实告知劳动者工作内容、工作条件、工作地点、职业危害、安全生产状况、劳动报酬，以及劳动者要求了解的其他情况；用人单位有权了解劳动者与劳动合同直接相关的基本情况，劳动者应当如实说明。

（3）用人单位招用劳动者，不得扣押劳动者的居民身份证和其他证件，不得要求劳动者提供担保或者以其他名义向劳动者收取财物。

（4）建立劳动关系，应当订立书面劳动合同。

已建立劳动关系，未同时订立书面劳动合同的，应当自用工之日起一个月内订立书面劳动合同。

用人单位与劳动者在用工前订立劳动合同的，劳动关系自用工之日起建立。

（5）劳动合同无效或者部分无效的情形：

1）以欺诈、胁迫的手段或者乘人之危，使对方在违背真实意思的情况下订立或者变更劳动合同的。

2）用人单位免除自己的法定责任、排除劳动者权利的。

3）违反法律、行政法规强制性规定的。

对劳动合同的无效或者部分无效有争议的，由劳动争议仲裁机构或者人民法院确认。

（6）用人单位应当按照劳动合同约定和国家规定，向劳动者及时足额支付劳动报酬。

用人单位拖欠或者未足额支付劳动报酬的，劳动者可以依法向当地人民法院申请支付令，人民法院应当依法发出支付令。

（7）用人单位应当严格执行劳动定额标准，不得强迫或者变相强迫劳动者加班。用人单位安排加班的，应当按照国家有关规定向劳动者支付加班费。

（8）劳动者拒绝用人单位管理人员违章指挥、强令冒险作业的，不视为违反劳动合同。

劳动者对危害生命安全和身体健康的劳动条件，有权对用人单位提出批评、检举和控告。

5.《中华人民共和国刑法》相关内容

（1）【重大责任事故罪】在生产、作业中违反有关安全管理的规定，因而发生重大伤亡事故或者造成其他严重后果的，处三年以下有期徒刑或者拘役；情节特别恶劣的，处三年以上七年以下有期徒刑。

（2）【强令违章冒险作业罪】强令他人违章冒险作业，因而发生重大伤亡事故或者造成其他严重后果的，处五年以下有期徒刑或者拘役；情节特别恶劣的，处五年以上有期徒刑。

（3）【重大劳动安全事故罪】安全生产设施或者安全生产条件不符合国家规定，因而发生重大伤亡事故或者造成其他严重后果的，对直接负责的主管人员和其他直接责任人员，处三年以下有期徒刑或者拘役；情节特别恶劣的，处三年以上七年以下有期徒刑。

（4）【工程重大安全事故罪】建设单位、设计单位、施工单位、工程监理单位违反国家规定，降低工程质量标准，造成重大安全事故的，对直接责任人员，处五年以下有期徒刑或者拘役，并处罚金；后果特别严重的，处五年以上十年以下有期徒刑，并处罚金。

（5）【消防责任事故罪】违反消防管理法规，经消防监督机构通知采取改正措施而拒绝执行，造成严重后果的，对直接责任人员，处三年以下有期徒刑或者拘役；后果特别严重的，处三年以上七年以下有期徒刑。

（6）【不报、谎报安全事故罪】在安全事故发生后，负有报告职责的人员不报或者谎报事故情况，贻误事故抢救，情节严重的，处三年以下有期徒刑或者拘役；情节特别严重的，处三年以上七年以下有期徒刑。

第二节　建筑安全生产相关法规主要内容

1. 《建设工程安全生产管理条例》

该条例规定了施工单位的相关安全责任，包括：依法取得资质和承揽工程；建立健全安全生产制度和操作规程；保证本单位安全生产条件所需资金的投入；设立安全生产管理机构，配备专职安全生产管理人员；总承包单位对施工现场的安全生产负总责；总承包单位和分包单位对分包工程的安全生产承担连带责任；特种作业人员必须按照国家有关规定经过专门的安全作业培训，并取得特种作业操作资格证书；施工单位的施工组织设计及专项施工方案管理责任；建设工程施工安全技术交底责任；施工现场、办公、生活区安全文明管理责任；相邻建筑物及环保管理责任；施工现场防火管理责任；施工作业人员安全防护及劳保管理责任；施工机械管理责任；施工单位的主要负责人、项目负责人、专职安全生产管理人员任职管理责任；施工单位对管理人员和作业人员的安全生产教育培训管理责任；施工单位为施工现场从事危险作业的人员办理意外伤害保险等相关安全责任。

相关内容：

（1）垂直运输机械作业人员、安装拆卸工、爆破作业人员、起重信号工、登高架设作业人员等特种作业人员，必须按照国家有关规定经过专门的安全作业培训，并取得特种作业操作资格证书后，方可上岗作业。

（2）施工单位应当在施工现场入口处、施工起重机械、临时用电设施、脚手架、出入通道口、楼梯口、电梯井口、孔洞口、桥梁口、隧道口、基坑边沿、爆破物及有害危险气体和液体存放处等危险部位，设置明显的安全警示标志。安全警示标志必须符合国家标准。

施工单位应当根据不同施工阶段和周围环境及季节、气候的变化，在施工现场采取相应的安全施工措施。施工现场暂时停止施工的，施工单位应当做好现场防护，所需费用由责任方承担，或者按照合同约定执行。

（3）施工单位应当向作业人员提供安全防护用具和安全防护服装，并书面告知危险岗位的操作规程和违章操作的危害。

作业人员有权对施工现场的作业条件、作业程序和作业方式中存在的安全问题提出批评、检举和控告，有权拒绝违章指挥和强令冒险作业。

在施工中发生危及人身安全的紧急情况时，作业人员有权立即停止作业或者在采取必要的应急措施后撤离危险区域。

2.《生产安全事故报告和调查处理条例》

该条例对事故报告、事故调查、事故等级及事故处理作出了如下规定：

（1）根据生产安全事故（以下简称事故）造成的人员伤亡或者直接经济损失，事故一般分为以下等级：

1）特别重大事故，是指造成 30 人（含 30 人）以上死亡，或者 100 人（含 100 人）以上重伤（包括急性工业中毒，下同），或者 1 亿元（含 1 亿元）以上直接经济损失的事故。

2）重大事故，是指造成 10 人（含 10 人）以上 30 人以下死亡，或者 50 人（含 50 人）以上 100 人以下重伤，或者 5000 万元（含 5000 万元）以上 1 亿元以下直接经济损失的事故。

3）较大事故，是指造成 3 人（含 3 人）以上 10 人以下死亡，或者 10 人（含 10 人）以上 50 人以下重伤，或者 1000 万元（含 1000 万元）以上 5000 万元以下直接经济损失的事故。

4）一般事故，是指造成 3 人以下死亡，或者 10 人以下重伤，或者 1000 万元以下直接经济损失的事故。

（2）事故发生后，事故现场有关人员应当立即向本单位负责人报告；单位负责人接到报告后，应当于 1 小时内向事故发生地县级以上人民政府安全生产监督管理部门和负有安全生产监督管理职责的有关部门报告。

情况紧急时，事故现场有关人员可以直接向事故发生地县级以上人民政府安全生产监督管理部门和负有安全生产监督管理职责的有关部门报告。

（3）事故调查组有权向有关单位和个人了解与事故有关的情况，并要求其提供相关文件、资料，有关单位和个人不得拒绝。

事故发生单位的负责人和有关人员在事故调查期间不得擅离职守，并应当随时接受事故调查组的询问，如实提供有关情况。

事故调查中发现涉嫌犯罪的，事故调查组应当及时将有关材料或者其复印件移交司法机关处理。

3.《特种设备安全监察条例》

（1）特种设备生产、使用单位应当建立健全特种设备安全、节能管理制度和岗位安全、节能责任制度。

特种设备生产、使用单位的主要负责人应当对本单位特种设备的安全和节能全面负责。

特种设备生产、使用单位和特种设备检验检测机构，应当接受特种设备安全监督管理部门依法进行的特种设备安全监察。

（2）特种设备出现故障或者发生异常情况，使用单位应当对其进行全面检查，消除事故隐患后，方可重新投入使用。

（3）特种设备使用单位应当对特种设备作业人员进行特种设备安全、节能教育和培训，保证特种设备作业人员具备必要的特种设备安全、节能知识。

特种设备作业人员在作业中应当严格执行特种设备的操作规程和有关的安全规章制度。

（4）特种设备作业人员在作业过程中发现事故隐患或者其他不安全因素，应当立即向现场安全管理人员和单位有关负责人报告。

第三节　建筑安全生产相关
规章及规范性文件主要内容

1. 《建筑起重机械安全监督管理规定》

（1）使用单位应当履行下列安全职责：

1）根据不同施工阶段、周围环境以及季节、气候的变化，对建筑起重机械采取相应的安全防护措施。

2）制定建筑起重机械生产安全事故应急救援预案。

3）在建筑起重机械活动范围内设置明显的安全警示标志，对集中作业区做好安全防护。

4）设置相应的设备管理机构或者配备专职的设备管理人员。

5）指定专职设备管理人员、专职安全生产管理人员进行现场监督检查。

6）建筑起重机械出现故障或者发生异常情况的，立即停止使用，消除故障和事故隐患后，方可重新投入使用。

（2）使用单位应当对在用的建筑起重机械及其安全保护装置、吊具、索具等进行经常性和定期的检查、维护和保养，并做好记录。

（3）禁止擅自在建筑起重机械上安装非原制造厂制造的标准节和附着装置。

（4）建筑起重机械特种作业人员应当遵守建筑起重机械安全操作规程和安全管理制度，在作业中有权拒绝违章指挥和强令冒险作业，有权在发生危及人身安全的紧急情况时立即停止作业或者采取必要的应急措施后撤离危险区域。

（5）建筑起重机械安装拆卸工、起重信号工、起重司机、司索工等特种作业人员应当经建设主管部门考核合格，并取得特种作业操作资格证书后，方可上岗作业。

省、自治区、直辖市人民政府建设主管部门负责组织实施建筑施工企业特种作业人员的考核。

2. 《危险性较大的分部分项工程安全管理办法》

该办法对危险性较大的分部分项工程，即房屋建筑和市政基础设施工程在施工过程中，容易导致人员群死群伤或者造成重大经济损失的分部分项工程的前期保障、专项施工方案、现场安全管理及监督管理明确了具体要求。

（1）施工单位应当在施工现场显著位置公告危大工程名称、施工时间和具体责任人员，并在危险区域设置安全警示标志。

（2）专项施工方案实施前，编制人员或者项目技术负责人应当向施工现场管理人员进行方案交底。

施工现场管理人员应当向作业人员进行安全技术交底，并由双方和项目专职安全生产管理人员共同签字确认。

（3）施工单位应当对危大工程施工作业人员进行登记，项目负责人应当在施工现场履职。

项目专职安全生产管理人员应当对专项施工方案实施情况进行现场监督，对未按照专项施工方案施工的，应当要求立即整改，并及时报告项目负责人，项目负责人应当及时组织限期整改。

施工单位应当按照规定对危大工程进行施工监测和安全巡视，发现危及人身安全的紧急情况，应当立即组织作业人员撤离危险区域。

（4）危大工程发生险情或者事故时，施工单位应当立即采取应急处置措施，并报告工程所在地住房和城乡建设主管部门。建设、勘察、设计、监理等单位应当配合施工单位开展应急抢险工作。

第四章 建筑施工安全防护基本知识

第一节 个人安全防护用品的使用

1. 安全帽

安全帽是对人的头部受坠落物及其他特定因素引起的伤害起防护作用的防护用品。由帽壳、帽衬、下颌带和帽箍等组成。

施工现场工人必须佩戴安全帽。

（1）安全帽的作用

主要是为了保护头部不受到伤害，并在出现以下几种情况时保护人的头部不受伤害或降低头部受伤害的程度。

1）飞来或坠落下来的物体击向头部时。

2）当作业人员从 2m 及以上的高处坠落下来时。

3）当头部有可能触电时。

4）在低矮的部位行走或作业，头部有可能碰到尖锐、坚硬的物体时。

（2）安全帽佩戴注意事项

安全帽的佩戴要符合标准，使用应符合规定。佩戴时要注意下列事项：

1）戴安全帽前应将调整带按自己头型调整到适合的位置，然后将帽内弹性带系牢。缓冲衬垫的松紧由带子调节，人的头顶和帽体内顶部的空间垂直距离一般在 25～50mm，这样才能保证当遭受到冲击时，帽体有足够的空间可供缓冲，平时也有利于头和帽体间的通风。

2）不要把安全帽歪戴，也不要把帽檐戴在脑后方，否则，会降低安全帽对于冲击的防护作用。

3）为充分发挥保护力，安全帽佩戴时必须按头围的大小调整帽箍并系紧下颌带。

4）安全帽体顶部除了在帽体内部安装了帽衬外，有的还开了小孔通风。但在使用时不要为了透气而随便再行开孔，因为这样会降低帽体的强度。

5）安全帽要定期检查。检查有没有龟裂、下凹、裂痕和磨损等情况，发现异常现象要立即更换，不准再继续使用。任何受过重击、有裂痕的安全帽，不论有无损坏现象，均应报废。

6）在现场室内作业也要戴安全帽，特别是在室内带电作业时，更要认真戴好安全帽，因为安全帽不但可以防碰撞，而且还能起到绝缘作用。

7）平时使用安全帽时应保持整洁，不能接触火源，不要任意涂刷油漆，不准当凳子坐。如果丢失或损坏，必须立即补发或更换，无安全帽一律不准进入施工现场。

2. 安全带

安全带是用于防止高处作业人员发生坠落或发生坠落后将作业人员安全悬挂的个体防护装备，主要由安全绳、缓冲器、主带、辅带等部件组成。

为了防止作业者在某个高度和位置上可能出现的坠落，作业者在登高和高处作业时，必须系挂好安全带。安全带的使用和维护有以下几点要求：

（1）高处作业施工前，应对作业人员进行安全技术教育及交底，并应配备相应防护用品。作业人员应从思想上重视安全带的作用，作业前必须按规定要求系好安全带。

（2）安全带在使用前要检查各部位是否完好无损，所有零部件应顺滑，无材料或制造缺陷，无尖角或锋利边缘。

（3）挂点强度应满足安全带的负荷要求，挂点不是安全带的组成部分，但同安全带的使用密切相关。高处作业如无固定挂点，应采用适当强度的钢丝绳或采取其他方法悬挂。禁止挂在移动或带尖锐棱角或不牢固的物件上。

（4）高挂低用。将安全带挂在高处，人在下面工作就叫高挂低用。它可以使坠落发生时的实际冲击距离减小。与之相反的是低挂高用。因为当坠落发生时，实际冲击的距离会加大，人和绳都要受到较大的冲击负荷。所以安全带必须高挂低用，严禁低挂高用。

（5）安全带保护套要保持完好，以防绳被磨损。若发现保护套损坏或脱落，必须加上新套后再使用。

（6）安全带严禁擅自接长使用。如果使用 3m 及以上的长绳时必须要加缓冲器，各部件不得任意拆除。

（7）安全带在使用后，要注意维护和保管。要经常检查安全带缝制部分和挂钩部分，必须详细检查捻线是否发生裂断和残损等。

（8）安全带不使用时要妥善保管，不可接触高温、明火、强酸、强碱或尖锐物体，不要存放在潮湿的仓库中保管。

（9）安全带在使用两年后应抽验一次，频繁使用应经常进行外观检查，发现异常必须立即更换。定期或抽样试验用过的安全带，不准再继续使用。

3. 防护服

建筑施工现场作业人员应穿着工作服。焊工的工作服一般为白色，其他工种的工作服没有颜色的限制。

（1）防护服的分类

建筑施工现场的防护服主要有以下几类：

1）全身防护型工作服。

2）防毒工作服。

3）耐酸工作服。

4）耐火工作服。

5）隔热工作服。

6）通气冷却工作服。

7）通水冷却工作服。

8）防射线工作服。

9）劳动防护雨衣。

10）普通工作服。

（2）防护服的穿着

施工现场对作业人员防护服的穿着要求主要有：

1）作业人员作业时必须穿着工作服。

2）操作转动机械时，袖口必须扎紧。

3）从事特殊作业的人员必须穿着特殊作业防护服。

4）焊工工作服应是白色帆布制作。

4. 防护鞋

防护鞋的种类比较多，应根据作业场所和内容的不同选择使用。电力建设施工现场上常用的有绝缘鞋（靴）、焊接防护鞋、耐酸碱橡胶靴及皮安全鞋等。

对绝缘鞋（靴）的要求有：

（1）必须在规定的电压范围内使用。

（2）绝缘鞋（靴）胶料部分无破损，且每半年作一次预防性试验。

（3）在浸水、油、酸、碱等条件上不得作为辅助安全用具使用。

5. 防护手套

使用防护手套时，必须对工件、设备及作业情况进行分析之后，选择适当材料制作、操作方便的手套，方能起到保护作用。施工现场上常用的防护手套有下列几种：

（1）劳动保护手套。具有保护手和手臂的功能，作业人员工作时一般都使用这类手套。

（2）带电作业用绝缘手套。要根据电压选择适当的手套，检查表面有无裂痕、发黏、发脆等缺陷，如有异常禁止使用。

（3）耐酸、耐碱手套。主要用于接触酸和碱时戴的手套。

（4）橡胶耐油手套。主要用于接触矿物油、植物油及脂肪簇的各种溶剂作业时戴的手套。

（5）焊工手套。电、火焊作业时戴的防护手套，应检查皮革或帆布表面有无僵硬、薄挡、洞眼等残缺现象，如有缺陷，不准使用。手套要有足够的长度，手腕部不能裸露在外边。

第二节　安全色与安全标志

安全色和安全标志是国家规定的两个传递安全信息的标准。尽管安全色和安全标志是一种消极的、被动的、防御性的安全警告装置，并不能消除、控制危险，不能取代其他防范安全生产事故的各种措施，但它们形象而醒目地向人们提供了禁止、警告、指令、提示等安全信息，对于预防安全生产事故的发生具有重要作用。

1. 安全色的概念

安全色，就是传递安全信息含义的颜色，包括红、蓝、黄、绿四种颜色。对比色，是使安全色更加醒目的反衬色，包括黑、白两种颜色。对比色要与安全色同时使用。

安全色适用于工业企业、交通运输、建筑、消防、仓库、医院及剧场等公共场所使用的信号和标志的表面色，不适用于灯光信号、航海、内河航运以及其他目的而使用的颜色。

2. 安全色的含义

安全色的红、蓝、黄、绿四种颜色，分别代表不同的含义。

（1）红色。表示禁止、停止、危险以及消防设备的意思。凡是禁止、停止、消防和有危险的器件或环境均应涂以红色的标记作为警示的信号。

（2）蓝色。表示指令，要求人们必须遵守的规定。

（3）黄色。表示提醒人们注意。凡是警告人们注意的器件、设备及环境都应以黄色表示。

（4）绿色。表示给人们提供允许、安全的信息。

（5）对比色与安全色同时使用。

（6）安全色与对比色的相间条纹：

红色与白色相间条纹——表示禁止人们进入危险环境。

黄色与黑色相间条纹——表示提示人们特别注意的意思。

蓝色和白色相间条纹——表示必须遵守规定的意思。

绿色和白色相间条纹——与提示标志牌同时使用，更为醒目地提示人们。

3. 安全色的使用

安全色的使用范围很广，可以使用在安全标志上，也可以直接使用在机械设备上；可以在室内使用，也可以在户外使用。如红色的，各种禁止标志；黄色的，各种警告标志；蓝色的，各种指令标志；绿色的，各种提示标志等。

安全色有规定的颜色范围，超出范围就不符合安全色的要求。颜色范围所规定的安全色是最不容易互相混淆的颜色。对比色是为了使安全色更加醒目而采用的反衬色，它的作用是提高物体颜色的对比度。

4. 安全标志的概念

安全标志是用以表达特定安全信息的标志，由图形符号、安全色、几何图形（边框）或文字构成。

安全标志适用于工矿企业、建筑工地、厂内运输和其他有必要提醒人们注意安全的场所。使用安全标志，能够引起人们对不安全因素的注意，从而达到预防事故、保证安全的目的。但是，安全标志的使用只是起到提示、提醒的作用，它不能代替安全操作规程，也不能代替其他的安全防护措施。

5. 安全标志的种类

安全标志分禁止标志、警告标志、指令标志和提示标志四大类型。

（1）禁止标志。禁止标志的含义是禁止人们不安全行为的图形标志。其基本形式是带斜杠的圆边框，采用红色作为安全色。

（2）警告标志。警告标志的基本含义是提醒人们对周围环境引起注意，以避免可能发生危险的图形标志。其基本形式是正三角形边框，采用黄色作为安全色。

（3）指令标志。指令标志的含义是强制人们必须做出某种动作或采用防范措施的图形标志。其基本形式是圆形边框，采用蓝色作为安全色。

（4）提示标志。提示标志的含义是向人们提供某种信息（如标明安全设施或场所等）的图形标志。其基本形式是正方形边框，采用绿色作为安全色。

第三节　高处作业安全知识

1. 高处作业的基本概念

凡在坠落高度基准面 2m 及以上，有可能坠落的高处进行的作业，均称为高处作业。

2. 建筑施工高处作业常见形式及安全措施

（1）临边作业

临边作业是指在工作面边沿无围护或围护设施高度低于 800mm 的高处作业，包括楼板边、楼梯段边、屋面边、阳台边及各类坑、沟、槽等边沿的高处作业。

1）进行临边作业时，应在临空一侧设置防护栏杆，并应采用密目式安全立网或工具式栏板封闭。

2）分层施工的楼梯口、楼梯平台和梯段边，应安装防护栏杆；外设楼梯口、楼梯平台和梯段边还应采用密目式安全立网封闭。

3）建筑物外围边沿处，应采用密目式安全立网进行全封闭，有外脚手架的工程，密目式安全立网应设置在脚手架外侧立杆上，并与脚手杆紧密连接；没有外脚手架的工程，应采用密目式安全立网将临边全封闭。

4）施工升降机、龙门架和井架物料提升机等各类垂直运输设备设施与建筑物间设置的通道平台两侧边，应设置防护栏杆、挡脚板，并应采用密目式安全立网或工具式栏板封闭。

5）各类垂直运输接料平台口应设置高度不低于 1.80m 的楼层防护门，并应设置防外开装置；多笼井架物料提升机通道中间，应分别设置隔离设施。

（2）洞口作业

洞口作业是指在地面、楼面、屋面和墙面等有可能使人和物料坠落，其坠落高度大于或等于2m的洞口处的高处作业。

在洞口作业时，应采取防坠落措施，并应符合下列规定：

1）当垂直洞口短边边长小于500mm时，应采取封堵措施；当垂直洞口短边边长大于或等于500mm时，应在临空一侧设置高度不小于1.2m的防护栏杆，并应采用密目式安全立网或工具式栏板封闭，设置挡脚板。

2）当非垂直洞口短边尺寸为25～500mm时，应采用承载力满足使用要求的盖板覆盖，盖板四周搁置应均衡，且应防止盖板移位。

3）当非垂直洞口短边边长为500～1500mm时，应采用专项设计盖板覆盖，并应采取固定措施。

4）当非垂直洞口短边长大于或等于1500mm时，应在洞口作业侧设置高度不小于1.2m的防护栏杆，并应采用密目式安全立网或工具式栏板封闭；洞口应采用安全平网封闭。

5）电梯井口应设置防护门，其高度不应小于1.5m，防护门底端距地面高度不应大于50mm，并应设置挡脚板。

6）在进入电梯安装施工工序之前，同时井道内应每隔10m且不大于2层加设一道水平安全网。电梯井内的施工层上部，应设置隔离防护设施。

7）施工现场通道附近的洞口、坑、沟、槽、高处临边等危险作业处，除应悬挂安全警示标志外，夜间应设灯光警示。

8）边长不大于500mm洞口所加盖板，应能承受不小于1.1kN/m^2的荷载。

9）墙面等处落地的竖向洞口、窗台高度低于800mm的竖向洞口及框架结构在浇筑完混凝土没有砌筑墙体时的洞口，应按临边防护要求设置防护栏杆。

（3）攀登作业

攀登作业是指借助登高用具或登高设施进行的高处作业。攀登作业应注意以下事项：

1）攀登的用具，结构构造上必须牢固可靠。

2）梯子底部应坚实，并有防滑措施，不得垫高使用，梯子的上端应有固定措施。

3）单梯不得垫高使用，使用时应与水平面成 75°夹角，踏步不得缺失，其间距宜为 300mm。当梯子需接长使用时，应有可靠的连接措施，接头不得超过 1 处。连接后梯梁的强度，不应低于单梯梯梁的强度。

4）固定式直爬梯应用金属材料制成。使用直爬梯进行攀登作业时，攀登高度以 5m 为宜，超过 8m 时，应设置梯间平台。

5）上下梯子时，必须面向梯子，且不得手持器物。

（4）交叉作业

交叉作业是指垂直空间贯通状态下，可能造成人员或物体坠落，并处于坠落半径范围内、上下左右不同层面的立体作业。交叉作业时应注意以下事项：

1）各工种进行上下立体交叉作业时，不得在同一垂直方向上操作。下层作业的位置，必须处于依上层高度确定的可能坠落的半径范围之外，不符合以上条件时，应设安全防护棚。

2）钢模板、脚手架拆除时，下方不得有人施工。

3）模板拆除后，临边堆放处离楼层边沿不应小于 1m，堆放高度不得超过 1m，楼层边口、通道口、脚手架边缘等处，严禁堆放任何物件。

4）结构施工自 2 层起，凡人员进出的通道口（包括井架、施工电梯的进出通道口），均应搭设双层防护棚。

5）在建建筑物旁或在塔机吊臂回转半径范围之内的主要通道、临时设施、钢筋、木工作业区等必须搭设双层防护棚。

第五章　施工现场消防基本知识

第一节　施工现场消防知识
概述及常用消防器材

1. 施工现场消防知识概述

我国消防工作实行预防为主、消防结合的方针。按照政府统一领导、部门依法监管、单位全面负责、公民积极参与的原则，实行消防安全责任制，建立健全社会化的消防工作网络。

建设工程施工现场的防火，必须遵循国家有关方针、政策，针对不同施工现场的火灾特点，立足自防自救，采取可靠防火措施，做到安全可靠、经济合理、方便适用。

燃烧的发生必须具备三个条件，即：可燃物、助燃物和着火源。因此，制止火灾发生的基本措施包括：

（1）控制可燃物，以难燃或不燃的材料代替易燃或可燃的。

（2）隔绝空气，使用易燃物质的生产应在密闭的设备中进行。

（3）消除着火源。

（4）阻止火势蔓延，在建筑物之间筑防火墙，设防火间距，防止火灾扩大。

2. 建筑施工现场消防器材的配置和使用

（1）在建工程及临时用房的下列场所应配置灭火器：

1）易燃易爆危险品存放及使用场所。

2）动火作业场所。

3）可燃材料存放、加工及使用场所。

4）厨房操作间、锅炉房、发电机房、变配电房、设备用房、办公用房、宿舍等临时用房。

5）其他具有火灾危险的场所。

（2）建筑施工现场常用灭火器及使用方法

1）泡沫灭火器。药剂：筒内装有碳酸氢钠、发沫剂、硫酸铝溶液。用途：适用于扑救油脂类、石油产品及一般固体初起的火灾；不适用于扑救忌水化学品和电气火灾。使用方法：手指堵住喷嘴，将筒体上下颠倒2次，打开开关，药剂即喷出。

2）干粉灭火器。药剂：钢筒内装有钾盐或钠盐粉，并备有盛装压缩气体的小钢瓶。用途：适用于扑救石油及其产品、可燃气体和电气设备初起的火灾。使用方法：提起筒，拔掉保险销环，干粉即可喷出。

3）二氧化碳灭火器。药剂：瓶内装有压缩或液态的二氧化碳。用途：主要适用于扑救贵重设备、档案资料、仪器仪表、600V以下的电器及油脂等火灾；禁止使用二氧化碳灭火器灭火的物品有，遇有燃烧物品中的锂、钠、钾、铯、锶、镁、铝粉等。使用方法：拔掉安全销，一手拿好喇叭筒对着火源，另一手压紧压把打开开关即可。

4）酸碱灭火器。用途：主要适用于扑救竹、木、棉、毛、草、纸等一般初起火灾，但对忌水的化学物品、电气、油类不宜用。

（3）消火栓、消防水带、消防水枪

消火栓按安装区域分为室内、室外消火栓两种；按安装位置分为地上式与地下式消火栓两种；按消防介质分为有水和泡沫消火栓两种。消火栓应在任意时刻均处于工作状态。

1）消防水带应配相对口径的水带接口方能使用。水带接口装置于水带两端，用于水带与水带、消火栓或水枪之间的连接，以便进行输水或水和泡沫混合液，其接口为内扣式。

2）水枪是装在水带接口上，起射水作用的专用部件。各种水枪的接口形式均为内扣式。

3）消火栓的开关位置在其顶部，必须用专用扳手操作，其顶盖上有开关标志符。

使用时应先安好消防水带，之后打开消火栓上封盖把水带固定好，然后再打开消火栓。在使用消火栓灭火时，必须两人以上操作，当水带充满水后，一人拿枪，一人配合移动消防水带。

第二节　施工现场消防管理制度及相关规定

施工现场的消防安全由施工单位负责。实行施工总承包的，应由总承包单位负责。分包单位向总承包单位负责，并应服从总承包单位的管理，同时应承担国家法律、法规规定的消防责任和义务。施工现场建立消防管理制度，落实消防责任制和责任人员，建立义务消防队，定期对有关人员进行消防教育，落实消防措施。

1. 施工现场消防管理制度

（1）施工单位应编制施工现场灭火及应急疏散预案。灭火及应急疏散预案应包括下列主要内容：

1）应急灭火处置机构及各级人员应急处置职责。

2）报警、接警处置的程序和通信联络的方式。

3）扑救初起火灾的程序和措施。

4）应急疏散及救援的程序和措施。

（2）施工人员进场时，施工现场的消防安全管理人员应向施工人员进行消防安全教育和培训。消防安全教育和培训应包括下列内容：

1）施工现场消防安全管理制度、防火技术方案、灭火及应急疏散预案的主要内容。

2）施工现场临时消防设施的性能及使用、维护方法。

3）扑灭初起火灾及自救逃生的知识和技能。

4）报警、接警的程序和方法。

（3）施工作业前，施工现场的施工管理人员应向作业人员进行消防安全技术交底。消防安全技术交底应包括下列主要内容：

1）施工过程中可能发生火灾的部位或环节。

2）施工过程应采取的防火措施及应配备的临时消防设施。

3）初起火灾的扑救方法及注意事项。

4）逃生方法及路线。

（4）施工过程中，施工现场的消防安全负责人应定期组织消防安全管理人员对施工现场的消防安全进行检查。消防安全检查应包括下列主要内容：

1）可燃物及易燃易爆危险品的管理是否落实。

2）动火作业的防火措施是否落实。

3）用火、用电、用气是否存在违章操作，电、气焊及保温防水施工是否执行操作规程。

4）临时消防设施是否完好有效。

5）临时消防车道及临时疏散设施是否畅通。

2. 施工现场消防管理规定

（1）施工现场动火作业

1）动火作业应办理动火许可证，动火许可证的签发人收到动火申请后，应前往现场查验并确认动火作业的防火措施落实后，再签发动火许可证。

2）动火操作人员应具有相应资格。

3）焊接、切割、烘烤或加热等动火作业前，应对作业现场的可燃物进行清理；作业现场及其附近无法移走的可燃物应采用不燃材料覆盖或隔离。

4）施工作业安排时，宜将动火作业安排在使用可燃建筑材料施工作业之前进行，确需在可燃建筑材料施工作业之后进行动火作业的，应采取可靠的防火保护措施。

5）裸露的可燃材料上严禁直接进行动火作业。

6）焊接、切割、烘烤或加热等动火作业应配备灭火器材，并应设置动火监护人进行现场监护，每个动火作业点均应设置1个监护人。

7）五级（含五级）以上风力时，应停止焊接、切割等室外动火作业，确需动火作业时，应采取可靠的挡风措施。

8）动火作业后，应对现场进行检查，并应在确认无火灾危险后，动火操作人员再离开。

（2）施工现场用电

1）电气线路应具有相应的绝缘强度和机械强度，禁止使用绝缘老化或失去绝缘性能的电气线路，严禁在电气线路上悬挂物品。破损、烧焦的插座、插头应及时更换。

2）电气设备与可燃、易燃易爆和腐蚀性物品应保持一定的安全距离。

3）距配电盘2m范围内不得堆放可燃物，5m范围内不应设置可能产生较多易燃、易爆气体、粉尘的作业区。

4）可燃库房不应使用高热灯具，易燃易爆危险品库房内应使用防爆灯具。

5）电气设备不应超负荷运行或带故障使用。

（3）施工现场用气

1）储装气体罐瓶及其附件应合格、完好和有效；严禁使用减压器及其他附件缺损的氧气瓶，严禁使用乙炔专用减压器、回火防止器及其他附件缺损的乙炔瓶。

2）气瓶应保持直立状态，并采取防倾倒措施，乙炔瓶严禁横躺卧放。

3）严禁碰撞、敲打、抛掷、溜坡或滚动气瓶。

4）气瓶应远离火源，与火源的距离不应小于10m，并应采取避免高温和防止暴晒的措施。

5）气瓶应分类储存，库房内应通风良好；空瓶和实瓶同库存放时，应分开放置，两者间距不应小于1.5m。

6）瓶装气体使用前，应检查气瓶及气瓶附件的完好性，检查连接气路的气密性，并采取避免气体泄漏的措施，严禁使用已老化的橡皮气管。

7）氧气瓶与乙炔瓶的工作间距不应小于5m，气瓶与明火作业点的距离不应小于10m。

8）冬季使用气瓶，气瓶的瓶阀、减压阀等发生冻结时，严禁用火烘烤或用铁器敲击瓶阀，严禁猛拧减压器的调节螺栓。

9）氧气瓶内剩余气体的压力不应小于0.1MPa，气瓶用后应及时归库。

第六章　施工现场应急救援基本知识

第一节　生产安全事故应急
救援预案管理相关知识

1. 生产安全事故应急救援预案的概念

生产安全事故应急救援预案是为了有效预防和控制可能发生的事故，最大限度减少事故及其损害而预先制定的工作方案。它是事先采取的防范措施，将可能发生的等级事故损失和不利影响减少到最低的有效方法。

2. 建筑施工企业生产安全事故应急救援预案的管理

施工单位的应急救援预案应经专家评审或者论证后，由企业主要负责人签署发布。施工项目部的安全事故应急救援预案在编制完成后报施工企业审批。

建筑工程施工期间，施工单位应当将生产安全事故应急救援预案在施工现场显著位置公示，并组织开展本单位的应急救援预案培训交底活动，使有关人员了解应急救援预案的内容，熟悉应急救援职责、应急救援程序和岗位应急救援处置方案。

建筑施工单位应当制定本单位的应急预案演练计划，根据本单位的事故预防重点，每年至少组织一次综合应急预案演练或者专项应急预案演练，每半年至少组织一次现场处置方案演练。

第二节　现场急救基本知识

1. 施工现场应急救护要点

（1）对骨伤人员的救护

1）不能随便搬动伤者，以免不正确的搬动（或移动）给伤者带来二次伤害。例如凡是胸、腰椎骨折者，头、颈部外伤者，不能任意搬动，尤其不能屈曲。

2）在需要搬动时，用硬板固定受伤部位后方可搬动。

3）用担架搬运时，要使伤员头部向后，以便后面抬担架的人可以随时观察其伤情变化。

（2）对眼睛伤害人员的救护

1）眼有异物时，千万不要自行用力眨眼睛，应通过药水、泪水、清水冲洗，仍不能把异物冲掉时，才能扒开眼睑，仔细小心清除眼里异物，如仍无法清除异物或伤势较重时，应立即到医院治疗。

2）当化学物质（如砌筑用的石灰膏）进入眼内，立即用大量的清水冲洗。冲洗时要扒开眼睑，使水能直接冲洗眼睛，要反复冲洗，时间至少 15min 以上。在无人协助的情况下，可用一盆水，双眼浸入水中，用手分开眼睑，做睁眼、闭眼、转动并立即到医院做必要的检查和治疗。

（3）心肺复苏术

心肺复苏术，是在建筑工地现场对呼吸心跳骤停病人给予呼吸和循环支持所采取的急救，急救措施如下：

1）畅通气道：托起患者的下颌，使病人的头向后仰，如口中有异物，应先将异物排除。

2）口对口人工呼吸：捏闭病人的鼻孔，深吸气后先连续快速向病人口内吹气 4 次，吹气频率以每分钟 2～16 次。如遇特殊情况（牙关紧闭或外伤），可采用口对鼻人工呼吸。

3）胸外心脏按压：双手放在病人胸骨的下 1/3 段（剑突上

两根指），有节奏地垂直向下按压胸骨干段，成人按压的深度为胸骨下陷 4～5cm 为宜。一般按压 15 次，吹气 2 次。

4）胸外心脏按压和口对口吹气需要交替进行。最好有两个人同时参加急救，其中一个人作口对口吹气。

（4）外伤常用止血方法

1）一般止血法：凡出血较少的伤口，可在清洗伤口后盖上一块消毒纱布，并用绷带或胶布固定即可。

2）指压止血法：可用干净的布（没有布可以用手）直接按压伤口，直到不出血为止。

3）加压包扎止血法：用纱布、棉花等垫放在伤口上，用较大的力进行包扎，并尽量抬高受伤部位。加压时力量也不可过大或扎得过紧，如以免引起受伤部位局部缺血造成坏死。

2. 建筑施工现场主要事故类型及救援常识

（1）触电事故及救援常识

1）发现有人触电时，不要直接用手去拖拉触电者，应首先迅速拉电闸断电，现场无电电闸时，使用木方等不导电的材料或用干衣服包严双手，将触电者拖离电源。

2）根据触电者的状况进行现场人工急救（如心肺复苏），并迅速向工地负责人报告或报警。

（2）火灾事故及救援常识

1）最早发现者应立即大声呼救，并根据情况立即采取正确方法灭火。当判断火势无法控制时，要迅速报警并向有关人员报告。

2）根据火灾的影响范围，迅速把无关人员疏散到指定的消防安全区。作业区发生火灾时，可采用建筑物内楼梯、外脚手架上下梯、离火灾现场较远的外施工电梯等疏散人员。不得使用离火灾现场较近的外施工电梯，严禁使用室内电梯疏散人员。

3）当火势无法控制时，要及时采取隔离火源措施，及时搬出附近的易燃易爆物以及贵重物品，防止火势蔓延到有易燃易爆物品或存放贵重物品的地点。当有可能发生气瓶爆炸或火势已无法控制且危及人员生命安全时，迅速将救火人员撤离到安全地方，等待专职消防队救援或采取其他必要措施。

4）火灾逃生自救知识原则

如果发现火势无法控制，应保持镇静，判断危险地点和安全地点，决定逃生方法和路线，尽快撤离危险地。

通过浓烟区逃生时，如无防毒面具等护具，可用湿毛巾等捂住口鼻，并尽可能贴近地面，以匍匐姿势快速前进，如有条件可向头部、身上浇冷水或用湿毛巾、湿棉被、湿毯子等将头、身裹好再冲出去。

（3）易燃易爆气体泄漏事故应急常识

1）最早发现者应立即大声呼救，并向有关人员报告或报警。根据情况立即采取正确方法施救，如尝试采取关闭阀门、堵漏洞等措施截断、控制泄漏，若无法控制，应迅速撤离。

2）在气体泄漏区内严禁使用手机、电话或启动电气设备，并禁止一切产生明火或火花的行为。

3）疏散无关人员，迅速远离危险区域，治安保卫人员要迅速建立禁区，严禁无关人员进入。同时停止附近的作业。

4）在未有安全保障措施的情况下，不要盲目行动，应等待公安消防队或其他专业救援队伍处理。

（4）发现坍塌预兆或坍塌事故应急常识

1）发现坍塌预兆时，发现者应立即大声呼唤，停止作业，迅速疏散人员撤离现场，并向项目部报告。待险情排除，并得到有关人员同意后，方可重新进入现场作业。

2）当事故发生后，发现者应立即大声呼救，同时向有关人员报告或报警。项目部根据情况立即采取措施组织抢救，同时向上级部门报告。

3）迅速判断事故发展状态和现场情况，采取正确应急控制措施，判断清楚被掩埋人员位置，立即组织人员全力挖掘抢救。

4）在救护过程中要防止二次坍塌伤人，必要时先对危险的地方采取一定的加固措施。

5）按照有关救护知识，立即救护抢救出来的伤员，在等待医生救治或送往医院抢救过程中，不要停止和放弃施救。

（5）有毒气体中毒事故应急常识

1）最早发现者应立即大声呼救，向有关人员报告或报警，如原因明确应立即采取正确方法施救，但决不可盲目救助。

2）迅速查明事故原因和判断事故发展状态，采取正确方法施救。

如中毒事故必须先通风或戴好防毒面具方可救人；如缺氧，则要戴好有供氧的防毒面具才可救人。

3）救出伤员后按照有关救护知识，立即救护伤员，在等待医生救治或送往医院抢救过程中，不要停止和放弃施救，如采用人工呼吸，或输氧急救等。

4）现场不具备抢救条件时，立即向社会求救。

（6）高处坠落伤害急救常识

1）坠落在地的伤员，应初步检查伤情，不得随意搬动。

2）立即呼叫"120"急救医生前来救治。

3）采取初步急救措施：止血、包扎、固定。

4）注意固定颈部、胸腰部脊椎，搬运时保持动作一致平稳，避免伤员脊柱弯曲扭动加重伤情。

3. 施工现场报警注意事项

（1）按工地写出的报警电话，进行报警。

（2）报告事故类型。说明伤情（病情、火情、案情）等，以便救护人员事先做好急救的准备。如火灾报警时要尽量说明燃烧或爆炸物质、燃烧程度、人员伤亡、发生火灾楼层等情况。

（3）说明单位（或事故地）的电话或手机号码，以便救护车（消防车、警车）随时用电话通信联系。

（4）可用几部电话或手机，由数人同时向有关救援单位报警求救，以便各种救援单位都能以最快的速度到达事故现场。

第二部分 专业基础知识

第七章 平地机的结构与工作原理

第一节 概 述

1. 用途

平地机是一种以刮刀为主要工作装置，配置其他多种可换作业装置的多功能工程机械，主要用于道路的施工和维修，公路、大型基建场地、机场跑道、农田水利、铁路路基等工程施工。适合不同工作场合的需要，更换不同的作业装置，可进行路基路面的整形、挖沟、推土、松土、除雪、草皮或表面土的剥离、修刮边坡等切削平整作业；可进行松散材料的推移、混合、回填、铺平作业。在机场和交通设施建设中的大面积、高精度的场地平整工作中，是其他工程机械所不能替代的土方施工设备。

平地机的刮土比推土机的铲土具有更大的灵活性；它能连续改变刮刀的平面角和倾斜角，并可使刮刀向任意一侧伸出，因此，平地机是一种多用途的连续作业式土方机械。正确地操作平地机的工作装置，利用铲刀升降、侧移、倾斜及回转，松土器升降、铲土角调整、前后轮转向等动作或相互组合动作，可完成平地机的多种作业。

2. 分类

平地机通常可按下列几种方法进行分类：

（1）按行走方式分

平地机按照行走方式分为拖式和自行式平地机。拖式平地机因机动性差、操作费力，已逐步被淘汰。

自行式平地机根据车轮数目分为四轮、六轮两种；根据车轮的转向情况分为前轮转向、后轮转向和全轮转向；根据车轮驱动情况分为后轮驱动和全轮驱动。

自行式平地机车轮对数的表示方法是：转向轮对数×驱动轮对数×车轮总对数；共有以下五种形式，即$1×1×2$，$1×2×3$，$2×2×2$，$1×3×3$，$3×3×3$。如$1×2×3$表示转向轮1对，驱动轮2对，车轮总数3对。其余依此类推。驱动轮对数越多，在工作中所产生的附着牵引力越大；转向轮对数越多，平地机的转向半径越小。因此，上述5种形式中以$3×3×3$型平地机的性能最好，大中型平地机多采用这种形式。$2×2×2$和$2×1×2$型均用在轻型平地机中。

目前，前轮装有倾斜机构的平地机得了广泛应用。装设倾斜机构后，在斜坡上工作时，车轮的倾斜可提高平地机工作的稳定性；在平地上转向时能进一步减小转向半径。

（2）按机架结构形式分

平地机按照机架结构形式分为整体机架式和铰接机架式平地机。

整体机架式平地机的机架具有较大的整体刚度，但转向半径较大。传统的平地机多采用这种机架。

铰接机架式平地机的优点是转向半径小，一般比整体式机架的小40％左右，可以容易地通过狭窄地段，能快速调头，在弯道多的路面上作业尤为适宜；可以扩大作业范围，在直角拐弯的角落处，铲刀刮不到的地方极少；在斜坡上作业时，可将前轮置于斜坡上，而后轮和机身可在平坦的地面上行进，提高了机械的稳定性，作业比较安全。因此，目前的平地机采用铰接式机架的越来越多。

（3）按车轮数目分

主要有四轮平地机和六轮平地机两种。

（4）按车轮驱动分

有后轮驱动和全轮驱动两种。

（5）按车轮转向分

有前轮转向和全轮转向两种。

（6）按工作装置的操作方式分

有机械操作和液压操作两种。

（7）按刮刀长度分

有3种，轻型平地机≤3m，中型平地机3～3.7m，重型平地机3.7～4.2m。

（8）按内燃机功率（kW）分

有轻型44～66kW，中型66～110kW，重型110～220kW三种，特大型功率在220kW以上。

（9）按传动方式分

有机械传动、液力机械传动、全液压机械传动三种。目前，平地机大多为液力机械传动和全液压机械传动。

3. 平地机的型号表示方法

国产平地机产品分类和型号编制方法见表7-1。产品型号按类、组、型分类原则编制，一般由类、组、型、产品名称及代号、主参数几部分组成。

平地机产品型号编制方法 表7-1

类	组	型	特性	产品名称及代号	主参数	
					名称	单位
铲土运输机械	平地机（P）	自行式平地机	Y（液）Q（全）	机械式平地机（P）液力机械式平地机（PY）全液压式平地机（PQ）	内燃机功率	kW

例如，PY160 指自行式液压平地机，内燃机功率 160 马力（1 马力＝0.735kW）。

4. 平地机的技术性能参数

平地机的技术参数包括：整机质量、铲斗容量、内燃机功率等基本参数；接地比压、回转半径、回转速度等作业条件参数；牵引力、提升能力等作业能力参数；整机高度、底盘宽度等外形尺寸参数。

第二节　平地机的基本结构与工作原理

平地机主要由动力装置（内燃机）、传动系统、行驶系统、转向系统、制动系统、工作装置、液压操作系统、电气设备和驾驶室等组成。基本结构见图 7-1。

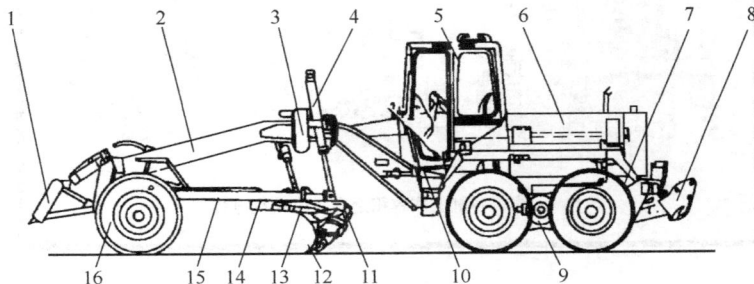

图 7-1　平地机基本结构图

1—前推土板；2—前机架；3—摆架；4—刮刀升降油缸；5—驾驶室；6—内燃机；
7—后机架；8—后松土器；9—后桥；10—铰接转向油缸；11—松土耙；12—刮刀；
13—铲土角变换油缸；14—转盘齿圈；15—牵引架；16—转向轮

1. 动力装置（内燃机）

平地机的动力装置多采用往复活塞式内燃机作为驱动力，即普通车用汽油机和柴油机，少数厂家配用液化气内燃机。

（1）内燃机型号编制规则

为了便于识别内燃机的机型、规格和结构特点，国家制订了相关的内燃机产品名称和型号编制规则。内燃机名称按其所采用的燃料名称命名。如：柴油机、汽油机、天然气机等。内燃机编号反映内燃机的主要结构特征及性能。如：6135Z 型柴油机：表示 6 缸、四冲程、缸径 135mm、水冷、增压。12V135ZG 柴油机：表示 12 缸、V 形、四冲程、缸径 135mm、水冷、增压、工程机械用。

（2）常用术语（图 7-2）

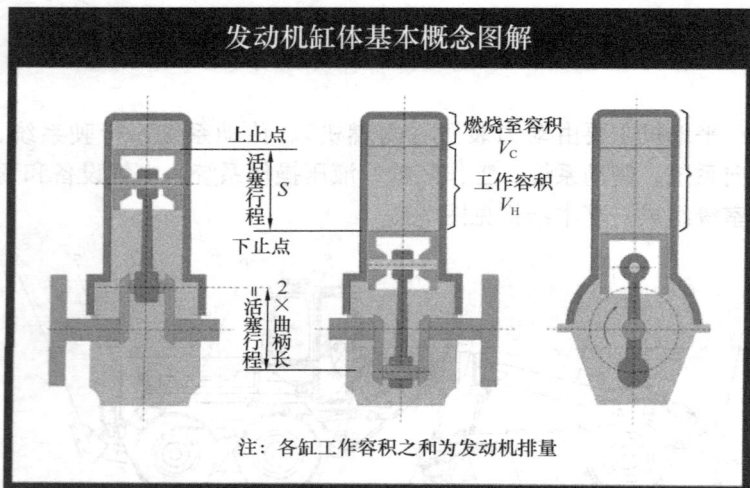

图 7-2　内燃机常用术语

上止点：活塞顶部距离曲轴中心线最远位置。

下止点：活塞顶部距离曲轴中心线最近位置。

冲程：活塞在上下止点间运动的过程。

活塞行程：上下止点间的距离。对于气缸中心线通过曲轴中心的发动机，其活塞行程等于曲柄半径的两倍。

气缸工作容积：在 1 只气缸内，活塞从上止点到下止点所让出的气缸容积。

内燃机工作容积：内燃机全部气缸工作容积之和，也称为排量。

燃烧室容积：当活塞位于上止点时，活塞上方的空间称燃烧室，其容积称为燃烧室容积。

气缸总容积：当活塞位于下止点时，活塞顶上方的全部容积。气缸总容积等于气缸工作容积与燃烧室容积之和。

压缩比：气缸总容积与燃烧室容积之比称为压缩比。压缩比表示气缸内的气体被压缩后，其容积缩小的程度。柴油机的压缩比一般为 16～22。

内燃机的工作循环：在内燃机的工作中，将燃料燃烧发出的热能不断地转化为机械能，这种连续过程叫做内燃机的工作循环。内燃机的每一工作循环，分进气、压缩、做功、排气四个过程，如图 7-3 所示。

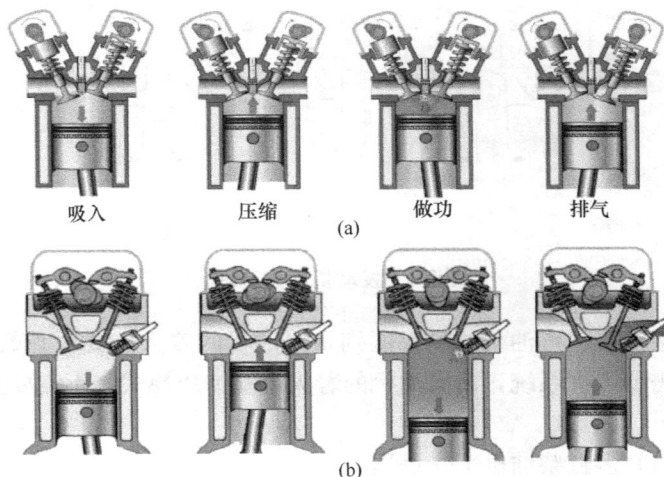

吸入　　　　　压缩　　　　　做功　　　　　排气
(a)

(b)

图 7-3　内燃机的工作循环

（a）DOHC 双顶置凸轮轴；（b）SOHC 单顶置凸轮轴

（3）发动机工作原理

发动机是一种能量转换机构，它将燃料燃烧产生的热能转变成机械能。要完成这个能量转换，必须经过进气、压缩、做功、排气四个过程，即把可燃混合气（或新鲜空气）引入气缸，压缩可燃混合气（或新鲜空气），至接近终点时点燃可燃混合气（或将柴油高压喷入气缸内形成可燃混合气并引燃），着火燃烧的可燃混合气受热膨胀推动活塞下行实现对外做功，最后排出燃烧后的废气。这四个过程叫做发动机的一个工作循环。工作循环不断地重复，就实现了能量转换，使发动机能够连续运转。把完成一个工作循环，需要曲轴转两圈（720°），活塞上下往复运动四次的发动机称为四冲程发动机，如图 7-4 所示。

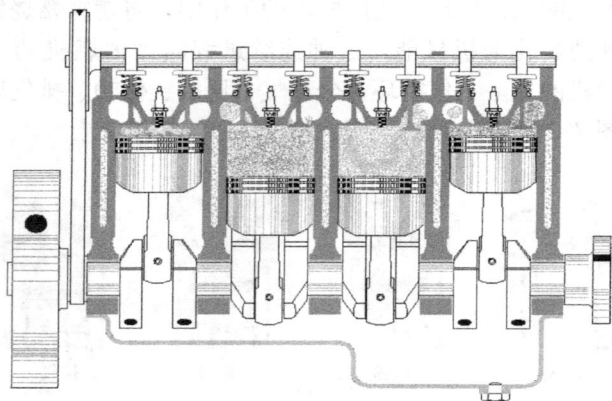

图 7-4　发动机工作原理

柴油机与汽油机的最大区别是汽油机的着火方式为点燃式，因此需要点火系统，而柴油机的着火方式为压燃式，不需要点火系统。

（4）多缸柴油机工作过程

四冲程柴油机每个工作循环中只有燃烧膨胀冲程才做功，而进气、压缩和排气三个辅助冲程不但不做功，而且还消耗一部分功，用来压缩气体和克服进、排气时的阻力。因此。在柴油机运行时，由于各冲程中有的获得能量而有的消耗能量，造成转速不均匀，有时加速有时减速。为了提高柴油机运转均匀性，通常采用两种方法：一是在曲轴上安装飞轮；二是采用多缸结构形式。

（5）结构组成

内燃机种类繁多，但其结构大体相同，通常由机体和曲轴连杆机构、配气机构、燃料系统、冷却系统、润滑系统等组成。

（6）机体和曲轴连杆机构

机体和曲轴连杆机构的作用是将燃料燃烧产生的热能转换为推动活塞做直线运动的机械能，把活塞往复运动转变为曲轴旋转运动，并向外输出动力。

机体和曲轴连杆机构主要由机体、活塞连杆组和曲轴飞轮组三部分组成。

机体的作用是作为发动机各机构、各装配件进行装配的基体，而且其本身的许多部分又分别是曲柄连杆机构、配气机构、供给系统、冷却系统和润滑系统的组成部分。主要由气缸体与上曲轴箱、气缸套、气缸盖、气缸垫、下曲轴箱等组成，如图 7-5 所示。

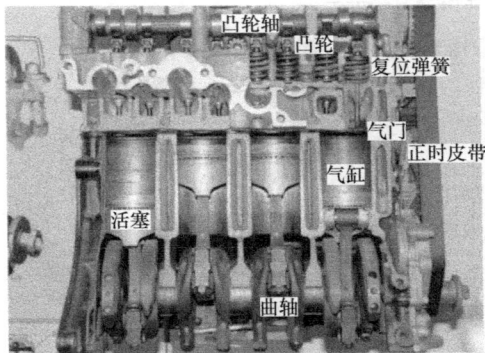

图 7-5　柴油机机体

活塞连杆组是将热能转化为机械能，把活塞高速直线往复运动转变为曲轴旋转运动的传力机构。活塞连杆组由活塞、活塞环、活塞销、连杆等机件组成。

曲轴飞轮组的主要机件是曲轴和飞轮。曲轴是柴油机的主要零件之一。其作用是将连杆传来的力变为旋转的扭矩输出，同时还要通过连杆推动活塞，完成进气、压缩和排气工作，并驱动配气机构和其他辅助装置工作。飞轮用来储存做功冲程的部分能量，克服辅助冲程阻力，保持曲轴转速均匀，向外输出动力。

在曲轴上还装有驱动配气机构的正时齿轮和驱动风扇、水泵等机件的皮带轮，飞轮上通常刻有第一缸喷油正时记号，以便校正喷油时间。下曲轴箱又称油底壳或机油盘，用于盛机油并保护曲轴等机件不被灰尘污染。

（7）配气机构

配气机构的作用是按照内燃机各缸工作冲程的要求，定时开启和关闭进、排气门。进气门开启使新鲜空气进入气缸，排气门开启使燃烧后的废气排出气缸，气缸的关闭使气缸密封，如图7-6所示。

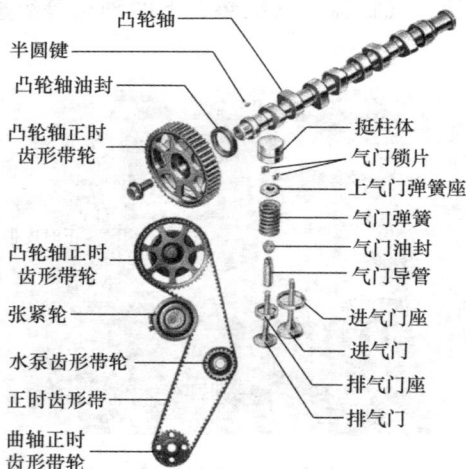

图 7-6　配气机构

配气机构由气门组和传动组组成。气门组由气门、气门座、气门导管、气门弹簧、弹簧座和锁片等零件组成。传动组主要包括凸轮轴、正时齿轮、推杆、挺杆、摇臂和摇臂轴及其支架等零件。

（8）燃油供给系统

柴油机燃油供给系统的作用是根据柴油机不同负荷的需要，定时、定量、定压地将清洁的雾化良好的柴油，按一定的喷油规律喷入燃烧室，与被压缩的高温高压空气混合，形成可燃混合气自行燃烧，并将燃烧后的废气排入大气中。

燃油供给系统一般由进排气装置、供油装置两部分组成。进排气装置由空气滤清器、进排气歧管和消声器等组成。供油装置由低压油路和高压油路两部分组成。低压油路包括：柴油箱、柴油滤清器、输油泵、低压油管等。高压油路包括：喷油泵、喷油器、高压油管和调速器等。

输油泵的作用是保证柴油在低压油路内循环，并供应足够数量及一定压力的柴油给喷油泵。

燃油滤清器的作用是柴油进入喷油泵之前，清除其中的杂质和水分，为保证喷油泵和喷油器的可靠工作并延长其使用寿命，燃油供给系统都设有滤清器。

喷油泵的作用是根据柴油机的不同工况，定时、定量地向喷油器输送高压燃油。

调速器的作用就是根据柴油机负荷及转速变化对喷油泵的供油量进行自动调节，以保证柴油机能稳定运行，如图 7-7 所示。

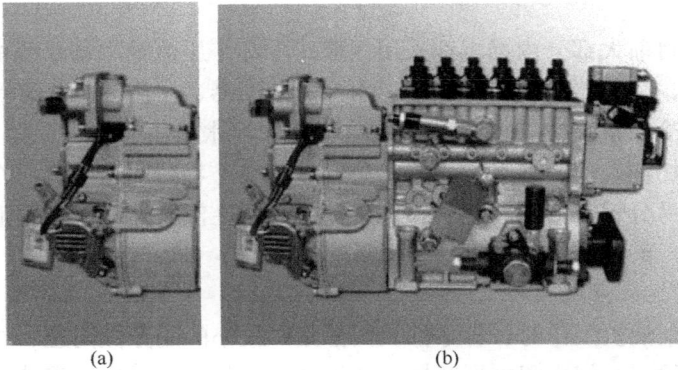

图 7-7　柴油机调速器

(a) 调速器；(b) 发动机

（9）冷却系统

柴油机工作时，由于燃料的燃烧以及运动零件间的摩擦产生大量的热量，使零件受热而温度升高，特别是直接与高温气体接触的零件若不及时冷却则会造成机件卡死和烧损。因此，必须对高温条件下工作的零部件进行冷却。

冷却系统的作用是保证柴油机在最适宜的温度（80～90℃）状态下连续工作。柴油机冷却系统按所用冷却介质不同有水冷和风冷之分，如图 7-8 所示。

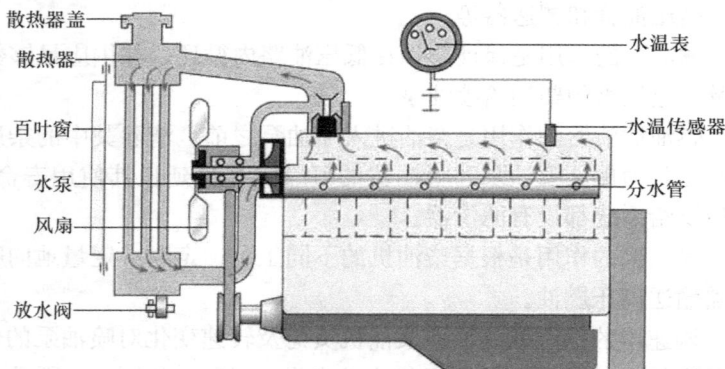

图 7-8 冷却水路

目前大部分内燃机都采用压流式冷却。压流式冷却系统由百叶窗、散热器、风扇及皮带、水泵、节温器、水温表和水套等组成。冷却系统中应加注清洁的软水，如河水、雨水、自来水等。如果加注硬水，如泉水、井水中含有大量矿物质，这些物质在高温时易分解，冷却后会从水中沉淀下来，在散热器和水套中形成水垢，甚至使水套生锈，降低散热效能。

（10）润滑系统

柴油机工作时，各零件表面都是以很小的间隙做高速、相对运动的，互相之间剧烈摩擦，产生高温，甚至烧毁机械零件。为了保证柴油机正常工作，必须对运动的零部件表面加以润滑，如图 7-9 所示。

润滑系统的作用是将清洁的、压力和温度适宜的润滑油送至柴油机各摩擦表面进行润滑，并将各摩擦表面流出的润滑油回

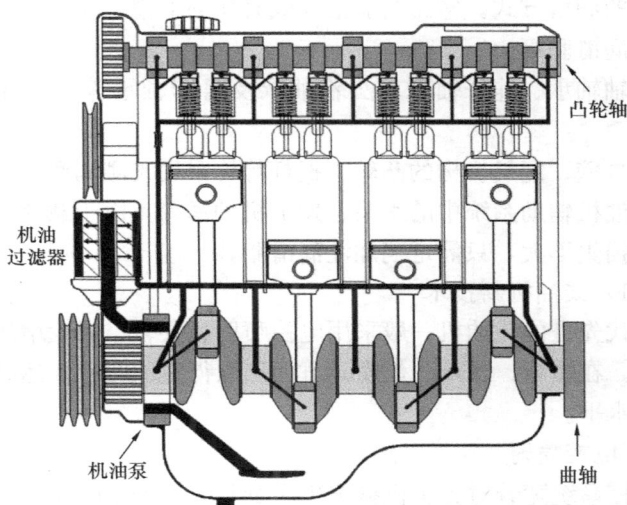

图 7-9　润滑系统工作路径

收，经冷却和滤清后循环使用，从而起到下列作用：

1）润滑作用

使零件的两个摩擦表面之间形成一定的油膜，减少磨损和功率损失。

2）冷却作用

润滑油在润滑各摩擦表面的同时，吸收各摩擦表面的热量，降低各摩擦表面温度。

3）清洁作用

润滑油在循环流动中，可清除摩擦表面的磨屑，并将其带走。

4）密封和防锈作用

附着于零件表面的油膜还可以提高零件的密封效果和防止氧化锈蚀。

柴油机工作时，由于各运动机件的工作条件和所承受的载荷和相对运动的速度不同，所要求的润滑强度也不相同，因而应采用相应的润滑方式。常见的润滑方式有压力润滑、飞溅润滑和定期加注润滑脂等。

曲轴轴承、连杆轴承、凸轮轴承及摇臂轴承等均采用压力润滑。

气缸壁、配气机构的凸轮、挺杆等均采用飞溅润滑。

柴油机辅助系统中的水泵、发电机轴承等，由于载荷小，而且摩擦损失不大，只需定期加注润滑脂。

（11）柴油机新技术

现代先进的柴油机一般采用电控喷射、共轨、涡轮增压中冷等技术，在质量、噪声、烟度等方面已取得重大突破，达到了汽油机的水平。

1）电控喷射

电控系统随着对施工机械施工质量与生产效率的要求不断提高，传统的机械传动以及机械液力式调节方式已不能满足施工机械用柴油机的要求。因此，根据使用工况自动控制喷油量及喷油时间的电子控制装置和能够高压喷射的组合蓄压式喷射装置等已在施工机械用柴油机上使用。

2）新材料的开发与应用

随着施工机械用柴油机强化程度的不断提高，使轴承的脉动负载增大，要求轴承材料有更好的抗疲劳性、承载能力和耐磨性。奥地利 MIBA 公司研制的以铝锡合金为基体的 AL-Sn4.5Mg 减摩层，既有高耐磨性，又有良好的热稳定性，从而提高了高温工作时的抗疲劳性。该公司还采用阴极真空镀膜法在轴承工作表面镀上 AL-Sn20 的新工艺，使轴承兼有磨合性好、耐磨性好和抗疲劳性好的优点。试验结果表明，其可靠性和使用寿命均得到大幅度的提高。

2. 传动系统

传动系统主要由液力变矩器、主离合器、变速箱、传动轴、前桥、后桥及平衡箱、车轮等部件组成，如图 7-10 所示。

传动系统的主要作用是：传递动力，改变动力传递方向和行

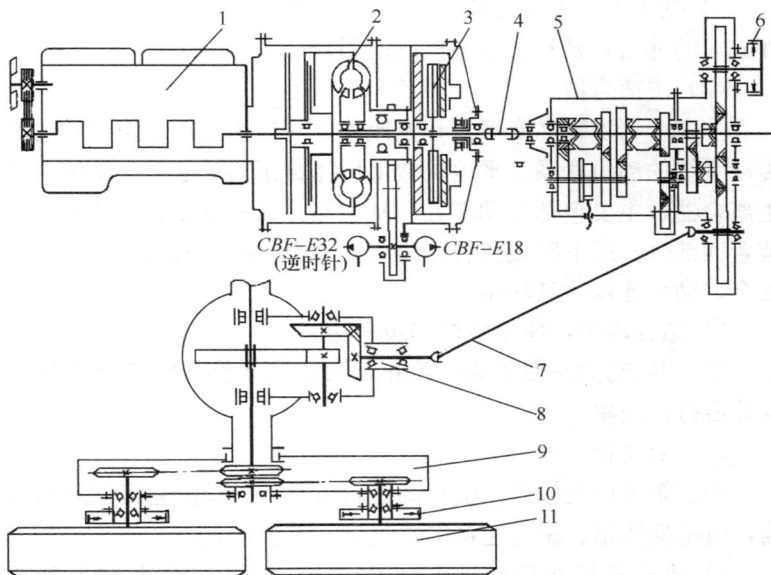

图 7-10　PY160B 平地机传动简图

1—内燃机；2—变矩器；3—主离合器；4—传动轴；5—变速器；6—手制动器；
7—传动轴；8—后驱动桥；9—平衡箱；10—车轮制动器；11—车轮

驶速度；减速增扭；接合或分离动力，保证平地机变速或停车的平稳；转向以及减少转向时车轮的滑磨；将内燃机产生的扭矩转变为牵引力，使平地机行驶和作业。

（1）液力变矩器

液力变矩器是依靠液体动能的变化来传递动力的液力元件。其功用是：

1）根据外载荷的变化，可在一定范围内自动无级地改变传动比和扭矩。当外载荷增大时，变矩器能自动降低车速，增大牵引力，避免内燃机因外载荷突然增大而熄火。当外载荷减小时，又能使其自动减小牵引力，提高车速，以提高工作效率。

2）使平地机起步平稳，减少换挡次数。

3）变矩器的工作介质为液体，能吸收并减小来自内燃机和外载荷的冲击，延长了平地机的使用寿命。

（2）主离合器

主离合器安装在变矩器和变速箱之间，主要用于接合或切断传动系统的动力联系。平地机常采用弹簧压紧单盘干式常结合式主离合器，主要包括主动部分、从动部分、松放压紧装置和操作装置四部分。踩下踏板离合器分离，动力切断；放松踏板离合器接合，动力连接。其功用是：

1）结合动力，使平地机起步平稳；

2）切断动力，使平地机停止行驶或防止换挡时变速齿轮产生冲击打齿现象。

（3）变速箱

变速箱采用定轴式常啮合圆柱斜齿轮、滑动齿套机械换挡结构，由主变速箱、副变速箱串联组成。其功用是：

1）改变机械的行驶速度和牵引力，以适应作业和行驶的需要；

2）使机械实现前进和倒退；

3）实现空挡，使机械在内燃机运转情况下，较长时间停车。

平路机变速箱由主变速箱、副变速箱串联而成。主变速箱设有3挡变速和倒挡，副变速箱设有高低变速装置，二者的组合可实现前进6挡和后退2挡的变速。

（4）传动轴

传动轴共两根，第一传动轴为主离合器至变速箱，第二传动轴为副箱至后桥，前者可简称主离合器传动轴，后者简称后桥传动轴。

3. 行驶系统

（1）前、后桥及平衡箱

1）前桥

前桥为转向从动桥，通过"山"形桥架与机架铰接。其功用是：

① 支承车架；

② 利用铰接装置使车轮偏转一定角度，实现平地机的转向；

③ 前轮在倾斜油缸的作用下还可左右倾斜，以防止前轮的侧向滑移，减小转弯半径，增加平地机在斜坡上作业的横向稳定性；

④ 当平地机前轮的某一侧超越障碍或落入凹坑时，前桥可在水平位置上下摆动，以保证在高低不平的地形上作业时，铲刀基本保持水平状态。

前桥主要由桥架、转向节、转向节支承、倾斜拉杆、转向拉杆、主销等组成。

2）后桥

后桥为转向驱动桥，其功用是：支承机架，利用铰接装置使平地机转向，将变速箱传来的动力进一步减速增扭，改变方向，经平衡箱传至中、后车轮，以驱动平地机行驶。

后桥主要由壳体和减速器组成。

后桥的上部通过导板、托架与机架铰接，托架与机架以螺栓紧固，后桥相对托架可实现相对转动，可实现后桥转向。转向时，外侧转向液压缸活塞杆外伸，内侧转向液压缸活塞杆内缩，壳体在液压缸推动下相对车架绕铰点转动。

3）平衡箱

平衡箱的作用是将半轴的动力通过两对链轮分别传给中、后轮。主要由主动链轮、从动链轮、链条和平衡箱体组成。中、后轮轮毂的中心轴线与平衡箱上安装孔的中心轴线不同心，故可通过转动轮毂来调整链条的松紧度。

平衡箱采用链传动，主要由一对主、从动链轮及链条、平衡箱体等组成。

平衡箱内加注齿轮油润滑，但车轮轴两轴承加黄油润滑。

（2）车轮

常见平地机有 6 个车轮，布置形式为前桥 2 个，中、后桥 4 个。

车轮主要由挡圈、外胎、内胎、衬带、锁圈、轮辋等组成。其功用是：支承机械的重量；保证平地机与地面有良好的附着性；传动驱动力矩和制动力矩；减缓车辆行驶过程中由于路面不平造成的冲击、震动。轮胎常选用充气式橡胶低压标准胎。

4. 制动系统

（1）脚制动系统

脚制动系统又称行车制动系统，用于行驶中的速度控制和停车。主要由空气压缩机、油水分离器、压力控制阀、贮气筒、压力表、脚制动阀、助力器、贮油罐、主缸、制动分泵等组成。

（2）手制动系统

手制动系统即停车制动系统，用于停车后的制动或行车制动失效后的应急制动。

手制动系统为双蹄内胀自动增力式制动器，它装在副变速箱前方的手制动器轴上，通过驾驶室内的操作手柄操作，主要由操作杆、钢丝绳、制动底板、制动毂、制动蹄、主动板、从动板等组成。

5. 工作装置

（1）铲刀和松土器

1）角位器

角位器为机械式，是实现调整铲刀铲土角度和铲刀引出的工作装置，铲土角度变化范围为40°。

2）铲刀

铲刀由刀体、刀片、侧刀片等组成，如图7-11所示。刀体

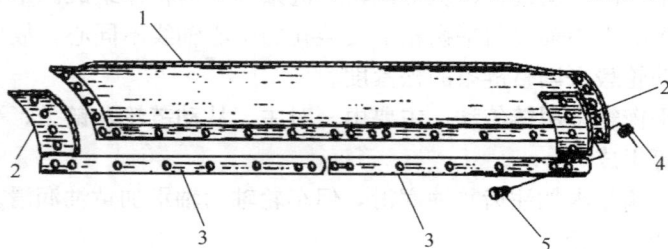

图7-11 铲刀

1—铲刀体；2—侧刀片；3—刀片；4—螺母；5—螺钉

为一钢制的长方形弧形板，其下边缘和两端用螺栓固定于刀片。刀片磨损后，可调边继续使用或更换新刀片。

刮刀的背面焊有与环轮连接的滑轨板，并装有刮刀移动液压缸，其活塞杆在刀体上有 3 个安装位置，根据需要刮刀在油缸的控制下，通过滑轨可相对于环轮左右引出。刮刀的两端装有齿框和齿板，用于改变刮刀的铲土角。

通过油缸的协调动作，可使刮刀有各种位置以适应工作需要。在回转液压马达的驱动下，刮刀可以作 360° 回转。

刮刀铲土角调整范围为 40°，调整时将刮刀横放在地面上，将刮刀装置上的压紧螺母拧松连同止动板取下，使用升降油缸可以改变刮刀的铲土角，调整后拧紧，见图 7-12。

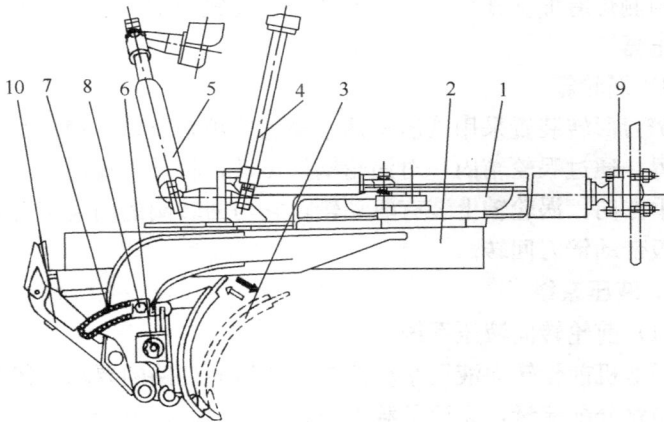

图 7-12　PY160B 型平地机的刮刀

1—牵引架；2—环轮；3—刮刀；4—刮刀升降油缸；5—刮刀倾斜油缸；6—刮刀移动油缸；7—齿框（角位器）；8—压紧螺母；9—球头座；10—松土器

3）松土器

松土器主要用于疏松坚硬土壤或旧路面，清除土壤中的树根和石块，以及翻修碎石、砾石路面。它主要由支架、齿、齿套、销等组成。

松土器用螺栓固定在铲刀背面。耙齿共有 6 个，装在杆轴上。

（2）牵引架和铲刀回转装置

1）牵引架

牵引架是连接机架、安装环轮（回转圈）及其驱动装置、传递工作阻力的构件，采用强度大、刚性好的三角形结构。

牵引架为焊接件，牵引架前端与机架铰接。通过牵引架，借助铲刀升降油缸、铲刀倾斜油缸、铲刀引出油缸以及回转马达等动作，可以实现铲刀与松土器的各种工作动作。

2）环轮（回转圈）

环轮与牵引架活动连接，环轮内侧制有齿圈，安装在牵引架下面，并可受操作传动机构驱动而回转，与牵引架作相对转动，环轮两侧焊有曲支架，每个曲支架通过滑轨与铲刀连接，同时安装松土器。

3）涡轮箱

铲刀回转装置采用液压马达带动涡轮箱来驱动。液压马达水平放置，通过涡轮箱内一对涡轮蜗杆传动，将动力输出，并改变为铅垂方向。涡轮轴上装有驱动轮，它与回转圈的内齿啮合，通过滑板带动铲刀回转。

6. 液压系统

（1）前轮转向液压系统

平地机前轮转向液压系统能够按照转向油路的要求，优先向转向油路分配流量，无论负载大小、压力高低，无论方向盘转速高低，均能保证向转向系统供油充足。因此，平路机转向时方能动作平滑可靠。

该液压系统主要由液压泵、压力流量控制阀、转向器、转向液压缸等组成。液压泵输出的油液，除供给转向油路，以维持转向机构正常工作外，剩余部分的油全部供给工作系统，从而消除了由于向转向油路供油过多而造成的功率损失，提高了系统效率。

（2）工作装置及后桥转向液压系统

工作装置及后桥转向液压系统用于操作铲刀的上升、下降、引出、倾斜、回转等，并可实现前轮的倾斜、后轮的转向，以适应平地机在各种条件下作业及驾驶的需要。

　　该系统主要由油箱、液压泵、多路阀、液压缸、液压马达和液压锁等组成。

第八章 平地机的道路驾驶与作业

第一节 平地机的操作说明

平地机的各种操作杆、仪表和开关的布置、功用与使用方法见图 8-1 和表 8-1。

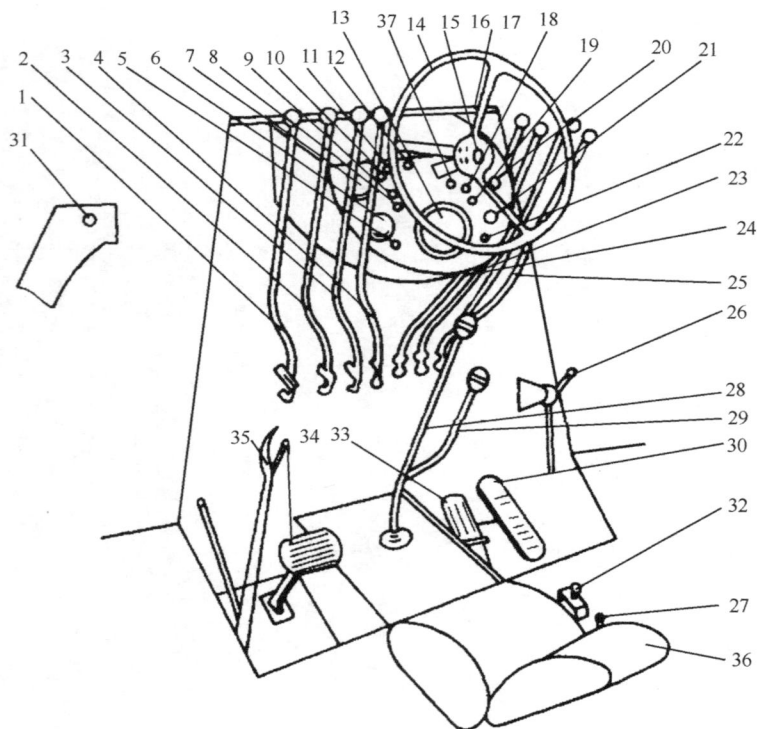

图 8-1 操作杆、仪表和开关的安装位置

操作杆、仪表和开关的名称、功用和使用方法　　表 8-1

零件	名　称	功用	使用方法
1	左端铲刀升降操作杆	控制铲刀左端或耙齿升降	前推—下降，后拉—上升
2	铲刀回转操作杆	控制铲刀转动	前推—向左转动，后拉—向右转动
3	前轮倾斜操作杆	控制前轮倾斜	前推—向左倾斜，后拉—向右倾斜
4	后轮转向操作杆	控制后轮转向	前推—向左转，后拉—向右转
5	启动按钮	用于内燃机启动	按下内燃机启动
6	变矩器油温表	指示变矩器油温	正常温度为 40～120℃
7	操作压力表	指示变矩器闭锁油路压力	正常压力为 1.47～1.67MPa
8	刮雨器开关	控制刮雨器工作	右转—开动，左转—停止
9	顶灯、仪表灯开关	控制顶灯、仪表灯	外拉：Ⅰ挡—仪表灯亮，Ⅱ挡—顶灯亮
10	制动指示灯	制动显示	制动—灯亮，不制动—灯灭
11	远光指示灯	远距离照明指示	远光灯工作时亮
12	液压油过滤器报警灯	指示滤清器堵塞情况	滤清器堵塞时灯亮
13	复合仪表	指示机油压力、冷却水温度、燃油数量、充放电流大小	正常水温 70～90℃，正常油压 0.2～0.5MPa
14	方向盘	控制平地机的行驶方向	顺时针转—右转弯，逆时针转—左转弯
15	喇叭按钮	鸣号，警示	按下—喇叭响，放松—喇叭不响
16	转向指示灯	指示转向电路情况	转向时自动显示
17	转向灯开关	平地机转弯、超车、并道、停车时使用	右扳—右转灯亮，左扳—左转灯亮，中间位置—左右灯都不亮

零件	名　称	功用	使用方法
18	行驶大灯开关	控制近光或远光电路	
19	倒车灯开关	控制倒车灯电路	
20	气压表	指示制动气压值	正常压力为 0.5MPa
21	变矩器压力表	指示变矩器出口油压力值	正常压力为 0.28MPa
22	启动钥匙	控制内燃机启动电路	
23	铲刀倾斜操作杆	控制铲刀倾斜角度	
24	铲刀引出操作杆	控制铲刀移动动作	前推—右伸，后拉—左伸
25	铲刀右端升降操作杆	控制铲刀右端或耙齿升降	前推—下降，后拉—上升
26	手油门手柄	油门踏板的辅助装置	根据需要将油门踏板固定在一定位置
27	变矩器闭锁手柄	控制变矩器闭锁	前推—闭锁，后推—解除
28	变速杆	改变平地机的行驶速度	前推—Ⅰ、Ⅲ、Ⅳ、Ⅵ挡，后拉—Ⅱ、Ⅴ挡和倒Ⅰ、Ⅱ挡，中间位置—空挡
29	高低挡操作杆	配合变速杆改变平地机的行驶速度	中位—空挡，前推（低）Ⅰ、Ⅱ、Ⅲ挡和倒Ⅰ挡，后拉（高）—Ⅳ、Ⅴ、Ⅵ挡和倒Ⅱ挡
30	制动踏板	用于平地机减速、停车	踏下—制动，放松—解除制动
31	电源总开关	控制全车电路电源的通断	拉出—接通，推入—断开
32	熄火手柄	控制内燃机熄火	拉出—内燃机熄火

零件	名　称	功用	使用方法
33	油门踏板	控制内燃机转速	踏下—转速提高，松开—转速降低
34	离合器踏板	接合或分离内燃机的动力	踏下—离合器分离，放松—离合器结合
35	手制动操作杆	用于停车制动	后拉—制动，前推—解除制动
36	驾驶座椅		
37	工作灯开关	控制工作灯电路	

第二节　平地机的基本驾驶

1. 内燃机的启动与停止

（1）启动前的检查

1）燃油、冷却水（不得低于上水室）是否充足，各油管、水管、气管接头是否紧固；

2）内燃机曲轴箱、高压油泵和空压机的机油是否足够，质量是否符合要求；

3）内燃机风扇皮带张紧度是否正常（拇指以 30～50N 的力下压皮带中间，下沉 15～20mm 为合适，不当时通过改变发电机支架来调整）；

4）蓄电池电解液液面高度是否符合规定（液面应高出极板 10～15mm，过少加蒸馏水），桩柱是否牢固；

5）液压油箱油液是否足够；

6）变速箱、后桥和平衡箱等是否漏油；

7）车轮固定情况和轮胎气压是否正常；

8）各部固定连接是否可靠。重点是气缸盖、排气管、前后桥、传动轴、行驶系、工作装置及液压操作系统的管路和附件等；

9）各操作杆连接可靠，扳动是否灵活，并在规定位置（将变速杆和高低速杆置于空挡位置，拉紧手制动操作杆）。

（2）启动内燃机

1）接通电源总开关，打开启动钥匙；

2）踏下离合器踏板；

3）将油门踏板踏到中速位置；

4）按下启动按钮，使内燃机启动；内燃机启动后应立即松开按钮，如一次不能启动时，可停 30s 后再进行第二次启动，但每次启动时间都不得超过 10s；如连续 3 次仍不能启动时应停止启动，仔细查找出原因、排除故障后，方可再启动；

5）内燃机启动后，放松离合器踏板，中速运转 3～5min，待机油温度≥45℃、机油压力≥0.2MPa、水温≥55℃和制动气压≥0.3MPa 时，方能行驶或负荷运转；内燃机预温时，其转速的增加应缓慢均匀，除特殊情况，不得突然增加转速。

（3）行驶前的准备

1）释放停车制动器；

2）检查各仪表、灯光显示、操作是否正常；

3）检查行车制动、转向系统是否有效、可靠；

4）将铲刀置于行驶位置，并尽量提高；

5）将推土板和后松土器完全提起来；

6）在内燃机怠速运转情况下检查：

① 转向：顺、逆时针转动方向盘必须灵活，前轮应随之转动；

② 制动系统：制动工作压力指示灯不应显示。

（4）工作中的检查

1）各仪表指数是否在规定范围内；

2）内燃机在各种转速下是否运转平稳，排烟正常，声响无异，无焦味和渗漏；

3）检查传动系统的工作情况，是否有过热、发响、松动和渗漏现象；

4）检查轮胎气压和车轮固定情况；

5）检查转向系统的工作情况。转向应轻便、灵敏，液压泵、操作阀及油管连接可靠；

6）检查制动系统的工作情况。平地机行驶时踏下制动踏板应能显著减速，制动正常，中速行驶时应能在 8m 内完全制动，且无跑偏。手制动器应能保证在 23°的坡道上停车时不下滑；

7）检查工作装置及操作系统的连接固定和工作情况。有无渗漏、噪音、抖动和拖滞等不良现象；

8）检查照明、信号设备的连接及工作情况。

（5）内燃机的熄火

1）将油门踏板逐渐降至怠速位置，怠速运转 3～5min；

2）利用手油门或熄火拉钮断油熄火；

3）逆时针转回启动钥匙并取下，切断电源总开关。

2. 驾驶

（1）基础驾驶

1）起步

① 将铲刀、松土器置于行驶状态；

② 踏下离合器踏板，分离离合器；

③ 将变速杆和高低速杆置于所需挡位；

④ 按喇叭按钮，松开手制动操作杆；

⑤ 慢慢放松离合器踏板，同时踏下油门踏板，使平地机平稳起步。

2）直线行驶

平地机在行驶中，由于路面凹凸和倾斜等原因，会使平地机偏离原来的行驶方向，为此必须随时注意修正平地机的行驶方向，才能使其直线行驶。如果车头向左（右）偏转时，应立即将方向盘向右（左）转动，等车头将要对正所需要方向时，应逐渐回转方向盘至原来位置。其操作要领是少打少回，及时打及时回；切忌猛打猛回，造成平地机"画龙"行驶。

3）换挡

① 加挡

a. 将油门踏板踏下，提高机速；

b. 踏下离合器踏板，放松油门踏板；在踏离合器踏板时，不可完全踏到底，否则将使变速困难，并会加速变速器内的制动器磨损；

c. 将变速杆或高低挡操作杆置于空挡位置；

d. 再将离合器踏板踏到适当的位置，同时将变速杆或高低挡操作杆置于所需挡位；

e. 慢慢放松离合器踏板，同时踏下油门踏板。

② 减挡

a. 放松油门踏板，使行驶速度降低；

b. 迅速踏下离合器踏板；

c. 将变速杆置于空挡位置；

d. 放松离合器踏板，同时踏一下油门踏板，再迅速踏下离合器踏板，将变速杆置入低挡位置；

e. 踏下油门踏板，同时放松离合器踏板。

4）转向

① 左手握方向盘，右手打开转向灯开关；

② 两手握方向盘，根据行车需要，按照方向盘的操作方法修正行驶方向；

③ 关闭转向灯开关。

5）制动

制动方法可分为预见性制动和紧急制动。在行驶中操作手应正确选用，保障行驶安全。

① 预见性制动。平地机在行驶中，操作手对已发现的地形、行人和车辆等交通情况的变化，或预计到可能出现的复杂局面，有目的地采取减速或停车措施，称为预见性制动。预见性制动不但能保证行驶安全，而且还可以避免机件、轮胎的损伤。因此，这是一种最好的并应经常采用的制动方法。预见性制动操作方法

有减速制动和停车制动两种：

减速制动是在变速杆处于工作位置时，主要用降低内燃机转速限制平地机的行驶速度，一般用在停车前、换入低挡前、下坡和通过凹凸不平地段时使用。其方法是：发现情况后，先放松油门踏板，利用内燃机低速牵制行驶速度，使平地机减速，并视情况持续或间断地轻踏制动踏板使平地机进一步降低速度。

停车制动用于停车时的制动。其方法是：放松油门踏板，当平地机行驶速度降到一定程度时，即轻踏制动踏板，使平地机平稳地停车。

② 紧急制动。平地机在行驶中遇到紧急情况时，操作手应迅速使用制动器，在最短的距离内将平地机停住，达到避免发生事故的目的，称为紧急制动。紧急制动对平地机的机件和轮胎都会造成较大的损伤，并且往往由于左右车轮制动力矩不一致，或左右车轮与路面的附着力有差异，造成平地机"跑偏"、"侧滑"，失去方向控制。因此，紧急制动只有在不得已的情况下才可使用。其操作方法是：握稳方向盘，迅速放松油门踏板，用力踏下制动踏板，同时使用手制动，充分发挥制动器的最大制动能力，使平地机立即停驶。

平地机使用强烈的紧急制动时，车轮若"抱死"，则会出现后轮侧滑，引起平地机剧烈回转振动，严重时可使平地机调头，特别是在附着力较差的路面上（如冰雪、泥泞路面等），更为常见和明显。为了预防和减轻后轮侧滑可采用间隔制动。

间隔制动可使车轮尽可能不"抱死"或少"抱死"。具体操作方法是：右脚用最大的力踏下制动踏板，力求在短时间内制动"抱死"车轮。开始"抱死"的瞬间，再立即减弱作用在制动踏板上的力（不完全放松），以防止车轮"抱死"和车轮侧滑；然后，用力踏制动踏板，力求短时间内"抱死"车轮，再减弱作用在制动踏板上的力。如此反复操作，可使平地机获得较好的制动效果，能有效减少侧滑。当出现侧滑时，应立即停止制动。把方向盘朝后轮侧滑方向转动，使平地机位置调正后再平稳地实施制动。

6）停车

① 放松油门踏板，使平地机减速；

② 踏下离合器踏板；

③ 根据停车距离踏动制动踏板，使平地机停在指定地点；

④ 将变速杆置于空挡；

⑤ 将手制动操作杆拉到制动位置，放松离合器踏板。

7）倒车

倒车需在平地机完全停驶后进行，其起步、转向和制动的操作方法与前进时相同。

倒车时要及时观察车后周围地形、车辆、行人的情况（必要时下车查看），发出倒车信号（鸣喇叭）以警告行人；然后挂入倒挡，按照倒车姿势，用前进起步的方法进行后倒。倒车时，车速不要过快，要稳住油门踏板，不可忽快忽慢，防止熄火或倒车过猛造成事故。倒车姿势有下列三种：

① 从后窗注视倒车。左手握方向盘上缘控制方向，上身向后侧转，下身微斜，右臂依托在靠背上端，头转向后窗，两眼视后方目标。后窗注视倒车可选择车库门、场地和停车位置附近的建筑物或树木为目标，看车尾中央或两角，进行后倒。

② 从侧方注视倒车。右手握方向盘上缘，左手打开车门后扶在门框上，上体向左倾斜伸出驾驶室转头向后，两眼注视后方目标。侧方注视倒车时可选择车尾一角或后轮，对准场地或机库的边缘，进行倒车。

③ 注视后视镜倒车。这是一种间接看目标的方法，即从后视镜内观察车尾与目标的距离来确定方向盘转动的多少。此种方法一般在后视、侧视观察不便时采用。

倒车转弯时，欲使车尾向左转弯，方向盘亦向左转动；反之，向右转动。弯急多转快转，弯缓少转慢转。要掌握"慢行驶、快转向"的操作要领。由于倒车转弯时，外侧前轮的轮迹弯曲度大于内后轮，因此，在照顾方向的前提下，还要特别注意前外车轮以及工作装置是否碰挂到其他障碍物。

8）驾驶安全规则

① 驾驶平地机必须携带本机驾驶执照，严禁非本机操作手驾驶本机。

② 行驶前须将工作装置置于行驶状态。

③ 道路行驶时，要注意交通信号和交通标志，严格遵守交通规则。

④ 转向、制动性能不好时，不准出车，气压低于 0.4MPa 不得起步。

⑤ 驾驶中不准吸烟、饮食和闲聊，严禁酒后驾驶。

⑥ 行驶时，应严格控制超高、超宽，必要时将超高、超宽部分预先卸下，另行运输。

⑦ 工程机械编队行驶时，应根据道路情况，保持适当间距，通常为 25～50m 的范围。

⑧ 在行驶中，应根据道路和气候等情况，适当掌握速度、转向和制动，避免频繁制动和紧急制动。

⑨ 在泥泞或冰雪道路上行驶，应采取防滑措施（如戴防滑链等）。

⑩ 经过桥梁（涵洞）时，必须预先了解桥梁（涵洞）的载重量，禁止超限通过。

⑪ 在道路上行驶时，应尽量靠右侧，人员应一律从右侧上、下。

⑫ 通过铁路时，必须看清信号和道路两端的情况，在交通指挥哨的指挥下，迅速通过。

⑬ 通过沼泽或松软地段时，应选择直线、中速行驶，避免转向、变速和制动。

⑭ 在行驶中停车时，须用手制动器制动，将变速杆置于空挡。

⑮ 紧急制动时，必须先踏下离合器踏板，不准在不切断动力的情况下，紧急制动。

⑯ 夜间驾驶必须有良好的照明设备。

（2）式样驾驶

平地机的式样驾驶是把起步、换挡、转向、制动、停车、倒车等单项操作，在规定的场地内，按规定的标准和要求进行的综合练习，以培养锻炼操作手目测判断能力，全面提高操作技术水平。

1）定点停车

① 场地设置

定点停车的场地设置如图8-2所示。

② 操作要领

在平地机铲刀距车库前20m线约10m时，应向右适当转动方向盘，使平

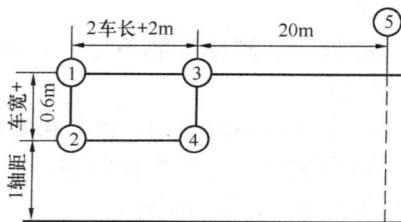

图8-2 定点停车场地

地机正直靠右行驶。当平地机进入20m线内时，应立即抬起油门踏板，并用制动踏板适当减速，同时观察判断右轮与右边线的距离，使右轮在距右边线约0.2m的间隔处前进。当铲刀进入车库后，可采用"先轻后重"或"间歇制动"的方法使平地机一次平稳停于规定地点。

③ 操作要求

a. 平地机以20km/h以上的速度接近场地时20m以外不得采取制动措施。

b. 一次平稳停于车库内，铲刀不出线，车轮不压右线，车身不出左线，前端距前线不得大于0.5m。

c. 进车库后速度要平稳，停车时不得采取紧急制动。

d. 出车库时，起步后到出车库前的全部过程不得熄火。

2）"8"字形驾驶

① 场地设置

"8"字形场地设置如图8-3所示。外径 $R=2$ 车长，内径 r $=2$ 车长－（车宽＋1.3m）。

86

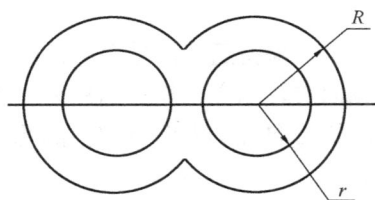

图8-3 "8"字形场地

② 操作要领

a. 行驶速度要慢，先低速挡，后中速挡；运用油门踏板控制行驶速度。踏动油门踏板要平稳，使平地机行驶不"窜动"。

b. 方向盘按大转弯要领操作，即要使前外轮尽量靠近外圈，随外圈变换方向。防止前外轮和内后轮压线或越线。

c. 平地机行至交点的中心线时，应迅速反向转动方向盘。

d. 方向盘使用要柔和、适当，修正方向要及时、少量，使车轮保持弧形前进。

③ 操作要求

a. 不得从两环交会处进入，前、后轮不准越出线外。

b. 行驶至交会处做一次加挡（或减挡）动作。

c. 操作方向盘时，应用两手交替，大把打回，不准反握方向盘轮缘操作。

3）折线形驾驶

① 场地设置

折线形场地设置如图8-4所示。①、②、③、④为主桩，在一条线上，桩杆间隔均为两个车长，在主桩左或右平行设置⑤、⑦和⑥、⑧4根副桩，每对主副桩构成1道桩门，4道桩门宽度均为车宽＋0.8m。

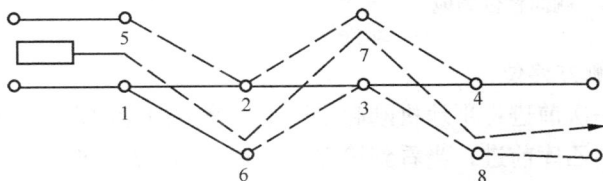

图8-4 折线形场地

② 操作要领

通过折线形场地前，要调正车身，保持适当的速度靠外侧桩杆行驶；当前轮对正桩①时，迅速向右转动方向盘；当铲刀对正桩⑥时，及时向左转动方向盘，使铲刀向桩⑦方向行驶。如此反复操作，可顺利通过折线形路段。

③ 操作要求和注意事项

a. 平地机用Ⅱ挡行驶，并保持 10km/h 以上的速度通过。

b. 方向盘转动要及时准确，做到不碰杆、不压线、不停车。

c. 初学者车速要慢一些，待掌握要领后再适当提高车速。行驶中要靠路的外侧，并根据路宽和车的位置，确定转向时机和速度。

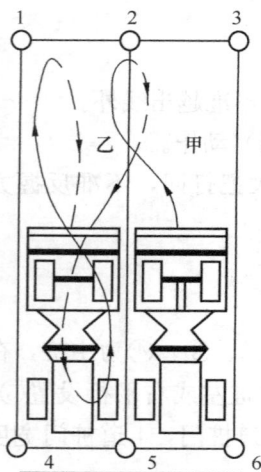

图 8-5　侧向移位场地

4）侧向移位

① 场地设置

侧向移位场地设置如图 8-5 所示。设 6 根桩，桩②为主桩，其余为副桩。库长为两个车长；甲、乙库宽均为车宽＋0.6m。起（终）点线距车库底线为 1m。

② 操作要领

a. 进入甲库

挂Ⅰ挡起步后，双眼注视桩⑤⑥、②③，保持居中前进驶入甲库。当驾驶室越过桩⑤⑥后，从后窗观察车尾，当车尾距桩⑤⑥0.20～0.30m 时，立即停车。

b. 侧方移位

第一次前进：平地机刚起步即迅速将方向盘向左转到底，使平地机向乙库前进；当看到铲刀上部右端移过桩②时，迅速向右转动方向盘，使铲刀驶向桩②，距桩②1m 左右时，再迅速回转方向盘；接近桩②时，立即脱挡停车。此时，铲刀中心应对正桩②。

第一次倒车：挂倒挡刚起步即迅速向左转动方向盘，并从后窗观察车尾摆动的方向；当车尾越过桩⑤2/3时，即立即向右转足方向并继续后退，待车尾距桩⑤1m左右时，迅速回转方向盘，并随即脱挡停车。此时，车尾中部应对正或略超过桩⑤。

第二次前进：平地机刚起步即向左转足方向盘，当看到铲刀左下角靠近左侧边线时，即向右转方向盘，并沿此线继续前进；待前端距前边线1m左右时，即迅速向左回转方向盘，接近前边线时，随即脱挡停车。

第二次倒车：应从后窗观察停放位置，以判定如何转动方向盘。平地机起步后，在向左转动方向盘的同时，应注视车尾摆动情况，当车尾左侧1/3处对正桩④时，迅速向右回轮，使车尾摆回右侧，对正桩④和桩⑤中间位置继续倒退；待车尾距乙库后端线1m左右时，应回头前看，使平地机居于乙库中间位置，随即脱挡停车，侧向移位完成。

③ 操作要求

a. 平地机由甲库用二进二退移到乙库，并停放正直。

b. 入库过程中，平地机各部不准越出四边画线，不得碰刚桩杆。

c. 进退过程中，不得熄火和随意停车。

d. 方向盘要正确，不准原地打"死轮"。

5）桥形倒车

① 场地设置

桥形倒车场地设置如图8-6所示。甲、乙两库宽均为车宽＋0.6≈4m，库长为车长＋0.6≈8m，桥高为2车长≈15m，桥长为4车长≈30m，桩⑤、⑥间距为库宽。

② 操作要领

平地机从桩⑨、⑩之间正直驶入甲库停稳。用Ⅰ挡起步从桩⑦、⑧之间通过；当驾驶室后侧过了桩⑧之后，迅速右转方向盘，使平地机靠近桩⑦、⑧之间画线的延长线行驶；当铲刀靠近

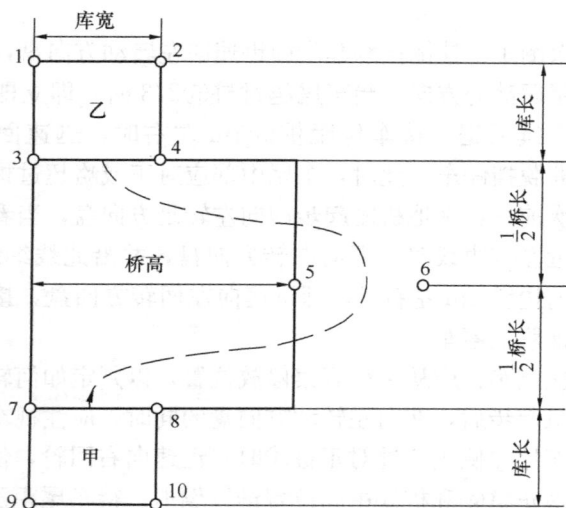

图 8-6　桥形倒车场地

右侧边线时，向左转动方向盘，并沿线靠近桩⑤继续前进；待驾驶室后侧越过桩⑥后，迅速向左转向，使平地机靠近桥高线前进；当工作装置前端距桥底③、⑦线 1m 左右时，向右转动方向盘，待前端过了桩③，即向左回转，使前端对正桩③、④之间，并进入乙库，以桩①、②中央为目标继续前进；当前端距前画线 0.2m 时，脱挡停车。由乙库倒入甲库时，按原路倒回，其操作按相反顺序进行。

③ 操作要求

a. 在行驶中，要时刻注视铲刀的位置，不要碰刷桩杆和越过画线。

b. 在通过桩⑥时，不可使车身靠桩过近，以防碰倒。

c. 在移库的全过程中，平地机不得熄火，中途不准停车。

6）倒进车库

① 场地设置

倒进车库的场地设置如图 8-7 所示。库宽为车宽＋0.60m，

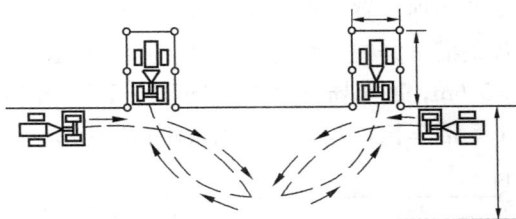

图 8-7　倒进车库

库长为车长＋0.5m，路宽为 1.5 倍车长。

② 操作要领

a. 前进选位停车

平地机挂低挡起步后稳速前进，使车身紧靠右（左）车库一侧边线行驶，待方向盘对正库门桩杆时，迅速向左（右）将方向盘转到底，使车头向车库前方行驶；当工作装置前端距车库对面边线 1m 左右时，即迅速回转方向盘，并随即脱挡停车。

b. 后倒入库

起步前，先调整姿势，由后窗选好目标，挂挡起步后，向右（左）转动方向盘，使车尾靠近内桩杆慢慢行进；当车尾进入车库时，方向盘应及时向左（右）回转，并前后兼顾；当驾驶室门移到库门时，车尾中央应对正后两桩杆中间，此时，若发现稍有不正，应及时修正方向，使车身正直倒入车库内，前轮摆正后要立即脱挡停车。

③ 操作要求

a. 要一进一退倒入车库内，并使车正轮正，不准歪斜。

b. 在进退过程中，不准熄火，不得随意停车。

c. 操作过程中，目标要看准，速度要适当，车身不准越出边线和碰刮桩杆。

d. 完全停车后，不准用原地打"死轮"来修正前轮方向。

7）蝶形倒车

① 场地设置

蝶形倒车的场地设置如图 8-8 所示，由甲库、乙库和回车场组成。图中各条横、竖桩位线的夹角为直角。库长为车长＋2m，库宽为车宽＋0.6m，回车场长为 2×（车长＋1.5＋车宽＋0.6）m，回车场宽为 1.5 倍车长，起（终）点线距桩⑦1m。

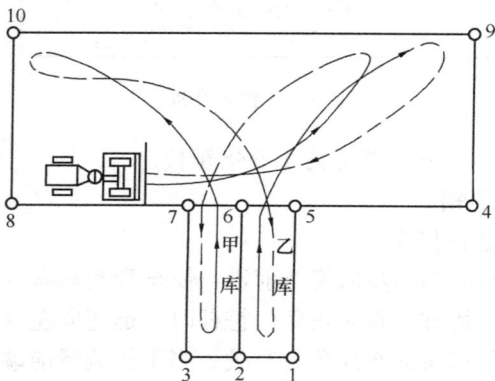

图 8-8　蝶形倒车场地

② 操作要领

a. 倒入甲库

前进停车：平地机由起点线以低速挡起步，沿⑧—④边线直行；当看到第⑦桩杆与右前轮对正时，迅速向左转足方向盘；当铲刀前端距⑨—⑩边线约 1m 时，迅速向右回转方向，并脱挡停车。

倒入甲库：后倒前，先从后窗看清甲库的⑦、⑥两桩杆位置，然后挂倒挡起步，并从后窗观察，以车尾后角和桩杆⑥为目标，把方向盘向右转到底，使车尾右后角靠近桩杆⑥相距约 0.3m；待后轮轴越过桩杆⑥时，开始向左回转方向盘，然后以桩杆②、③为目标继续后倒；当车尾中心线与②、③桩杆距离相等时，将车身摆正继续后倒，待工作装置进入桩杆⑥—⑦边线内，即脱挡停车。

b. 倒入乙库

前进左转弯选位停车：挂低挡起步后直线前进，当平地机后轮轴刚越过桩杆⑦时，迅速向左转足方向盘，使平地机铲刀向桩杆⑧—⑩边线靠近；待相距边线约 1m 时，迅速向右回转方向盘，并脱挡停车。

倒入乙库：倒车前，先从后窗看清乙库的桩杆⑥、⑤位置，挂挡起步后，迅速向右回转方向盘，转足后再立即向左转足。后倒时，以车尾左后角与桩杆⑥为目标，并使车尾左后角与桩杆⑥保持 0.3m 的距离，当右后角越过桩杆⑥后，开始向右回转方向，然后以桩杆①、②为目标继续后倒；当车尾中心线移到桩杆①、②中间位置时使车身摆正，待工作装置进入桩杆⑤—⑥边线内后，脱挡停车。

c. 倒回原起点位置

前进右转弯选位停车：平地机在乙库内挂低速挡起步前进，当后轮轴越过桩杆⑥时，即向右转足方向，使平地机右转弯前进；当铲刀对正桩杆⑨相距约 1m 时，向左回转方向盘，脱挡停车。

倒回原起点位置：倒车前，先从后窗观察桩杆⑦，并以桩⑦为目标倒车；挂倒挡起步后，向左回转方向盘；当车尾右后角接近桩杆⑦，要适度回转方向盘，并注视桩杆⑧；当车尾右侧 1/4 处移过桩杆⑧时，立即向右回正方向盘，使挡泥板与桩杆⑦保持 0.3m 的距离，使车尾右后角与桩杆⑧也相距 0.3m；待车尾靠近桩杆⑧—⑩边线时，脱挡停车。

③ 操作要求

a. 平地机由起点线起步前进左转弯并选位停车，先倒入甲库；再从甲库驶出，左转弯前进并选位停车，然后倒入乙库；最后，从乙库驶出右转弯前进选位停车，再倒回原位。

b. 起步平稳，平地机入场后不得熄火。

c. 平地机停稳后，不得转动方向盘。

d. 在进倒全过程中，不准停车；平地机任何部位不得碰到桩杆或越线。

e. 从铲刀进入起点线到车尾退出起点线，应在 4min 之内完成。

　8）公路调头

　① 场地设置

　公路调头场地设置如图 8-9 所示。路宽为平地机车长的 1.5 倍。

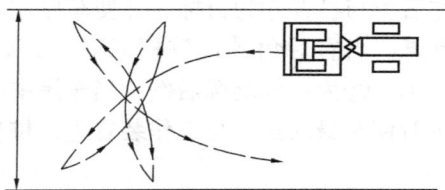

图 8-9　公路调头场地

　② 操作要领

　a. 开进场地

　平地机开进场地后，靠右侧停机，使轮胎以不压线为准。

　b. 第一次前进

　打开左转向灯，挂 Ⅰ 挡起步，刚起步时迅速将方向盘向左转到底，使平地机驶向左侧；当左前轮距边线约 1m 时，迅速向右转方向盘，待左前轮接近边线时，脱挡停车。

　c. 第一次倒车

　打开右转向灯，通过车门或后窗观察停车位置，然后，挂倒挡起步。刚起步立即向右将方向盘打到底，使车尾右拐，同时左手扶门框侧身后视后轮走向；当左后轮距后画线 1m 左右时回转方向盘，并脱挡停车。

　d. 第二次前进

　打开左转向灯，挂 Ⅰ 挡起步时迅速向左转足方向盘，再使车头向左转；当右前轮距边线约 1m 时，迅速回转方向盘，接近边线时脱挡停车。

　e. 第二次倒车

打开右转向灯，挂挡起步后，迅速向右转足方向盘，使车尾向右转，从车门后视左后轮接近后边线约 0.5m 时，迅速回转方向盘，接近边线时脱挡停车。

f. 第三次前进

打开左转向灯。挂 I 挡起步时，仍需向左转方向盘，以保证右前轮不压右边线，待车身摆正后，关闭左转向灯。

③ 操作要求

a. 平地机三进、二倒完成调头。

b. 平地机进入场地后不得熄火；操作过程中不得任意停车，前后轮均不准压线。

c. 平地机停稳后，不准转动方向盘。

d. 在前进、后倒停车的一瞬间，要及时迅速地转动方向盘，使每次进退完成的转向角度尽量大些，给下一次进退做好准备。

9）通过跳板桥、右单边桥

① 场地设置

桥的单边宽度等于前轮胎面宽度加 0.2m，桥高为 0.2m，桥长大于两个轴距 6m，左右两个桥板平行放置，其中心线宽度等于两前轮中心线宽度。距桥前 15m 处，设路宽 3.75m 的 120°～150°弧形弯道，如图 8-10 所示。右单边桥的设置，除不设左跳板和弯道外，其余与前相同。

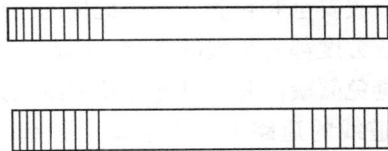

图 8-10　通过跳板桥

② 操作要领

通过跳板桥前，应降低行驶速度，换入低速挡，靠弯道外侧慢慢行驶，操作手调整好坐姿，目视前方，选择标定点，上桥前要使左前轮对正左跳板中心线，照直行驶。平地机前进时，视线也随之前移，当平地机驶上跳板后，操作手随即把目光随跳板中心线向地面延伸，选择标定点，直到通过跳板桥为止。

通过跳板桥的关键是：上桥前必须使推土的纵轴线对正两跳板的中央，握稳方向盘。若发现车偏向，应及时修正，但要少打少回。在平地机铲刀未到跳板前端"盲区"（看不到的地方）前，就要选好正直行驶标定点，才能保证照直驶过桥面。

通过右单边桥时，由于车身向左倾斜，方向容易跑偏，操作手除必须保持端正的驾驶姿势、握紧方向盘外，还应向前平视选好行驶标定点，稳住速度，正直通过。

③ 操作要求

通过跳板桥速度要慢，途中不准变速、停车，不准将头伸出车门外探视。

（3）道路驾驶

道路驾驶是操作手基本技能的综合运用，是平地机驾驶技术学习的深入。通过道路行车实践，操作手除了掌握一般道路的驾驶操作方法外，还要学会对路遇车、行人、动物等情况的观察、判断和处理，为在各种环境和道路条件下驾驶平地机打下技术基础。

1）行驶路面的选择和速度控制

① 行驶路面的选择

行驶路线对行驶安全和轮胎、传动机构的使用寿命、燃料消耗以及操作手的疲劳度都有很大的影响。因此，在行驶中应正确选择路线，尽量避免颠簸，并尽可能保持直线匀速行驶。

a. 在没有分道线的道路上，无会车和超车的情况下，应在道路中间行驶。特别是在路面不宽、拱形较大的碎石路面上，使平地机左右都有回旋的余地。在有分道线的道路上，应在右侧行车道的中间行驶。

b. 行驶中应注意选择干燥、坚实、平坦的路面，尽量避开尖石、棱角物及凸凹地等。但要防止为了选择路面，而左右猛转向，导致失去稳定性而发生交通事故。

c. 行驶中遇有会车或让车等情况，应注意减速，并靠道路右侧行驶，过后再平稳回到道路中间。在有快、慢路线区分的道路上，应在慢车道上行驶。

② 行驶速度控制

行驶速度与行驶安全、燃料消耗及机件使用寿命有直接关系，必须合理掌握。行驶速度应根据道路、气候、视野、交通情况和操作人员的技术水平、精神状态等因素来确定。在良好的路面上可高速行驶；但新操作手不宜使用最高行驶速度，以保证行驶安全。

③ 行车间距的控制

对于同方向行驶的机械、车辆，前后应保持一定的距离。间距过小会造成因前车突然制动，而发生追尾相撞事故。行车间距的大小，取决于行驶速度、操作手的技术水平、精神状态以及道路、气候等条件。一般情况下，在公路上要保持 30m 以上；在市区要保持 20m 以上；在冰雪道路上要保持 50m 以上；若气候恶劣或道路特殊时，还应适当加长。在干燥路面上行驶时，距前车的距离米数，可近似等于行驶时速的千米数。

2）会车、超车和让车

① 会车

会车前，应先看清来车、道路和交通情况，选择安全地段会车。会车应遵守交通规则，自觉做到"礼让三先"，即先让、先慢、先停。要选择合适地点，靠道路右侧通过。

a. 在一般双车道公路会车

当双车道公路有充足的会车余地时，可先减速，然后靠道路右侧行驶，控制车速，稳住方向盘，并顾及道路两侧的情况，保证两车交会时有足够的横向间距；当判明交会无障碍时，便可逐渐加速，交会后慢慢驶向道路中间。

b. 在路面狭窄或两边有障碍物的情况下会车

根据对方来车的速度和道路条件，选定会车地段，正确控制平地机，若离交会地段比对方车远，应加速行驶，距离近则应减速等候来车，以保证两车在已选好的地段交会。

c. 在其他情况下会车

当对面出现来车，而自己驾驶的平地机前方右侧有同向行进的非机动车辆或有障碍物时，须根据具体情况决定加速或减速，避免在障碍物处会车。如行驶中遇有狭窄地段或窄桥时，应估计双方距交会点的远近和车速采取措施。车速慢、距离远的车主动让车速快、距离近的车先通过，不可抢行。在恶劣气候条件下，如阴天、雨天、浓雾或黄昏等视度不良情况下，应提高警惕降低行驶速度，并加大两车横向间距，必要时等车避让。会车时切忌不愿提前减速，强行在道路中间高速行驶，待对方车辆临近时才突然转向避让，会车后又急促地驶向路中。这是一种不良习惯，必须禁止。

② 超车

超车应选择路宽且两侧无障碍物、视线良好的路段，并且在交通规则允许的情况下进行。因此，超车是有条件的，不具备条件的超车最易发生交通事故。

欲超前车时，应先向前车左侧接近，打开左转向灯，并鸣笛通知前车（夜间应断续开闭大灯示意），力求使前车发现；在确认前车让超后，与前车保持一定的横向安全距离，从左侧超越。

在要求超越前车的过程中，要防止前车虽靠右边行驶，却不让路时，而自行选择路线强行超越。在沙土路上，灰尘大看不清前车，而前车偏向右边行驶时，可能是会车，而不是让超车，此时，不可盲目超车，以免发生撞车事故。超越前车后，应沿左侧超车路线行驶至少超越前车 20m，估计已不会影响被超车辆行驶时，再开右转向灯缓慢转动方向盘驶入道路中间或右侧，关闭转向灯。若前车因故未能及时避让时，不应强行超车，更不能有急躁情绪，开赌气车，以免发生事故。

在超越停放的车辆时，应减速鸣笛，警惕该车突然起步驶入车道或突然打开车门，也要注意被超越车遮蔽处突然出现横穿公路的行人，尤其超越停站客车时，更应特别注意。

在超越拖拉机时，由于其在行驶中噪音大，操作手不易听清其他车辆声音，加之拖拉机的挂车左右摆动较大，制动性能比较差，因此，要多鸣喇叭，尽量与其保持足够的横向间距。

为了确保超车安全，必须严格遵守交通规则中"禁止超车"的有关规定。

③ 让车

在行驶中，应注意后面有无车辆尾随，如发现有车要求超车时，应根据道路、交通情况，估计是否适宜让后车超越；在认为可以超越的条件下，选择适当路段，靠右行，必要时以手势示意后车超越。不得无故不让或让路不减速。

让车过程中，若发现右前方有障碍物时，不能突然左转方向企图越过障碍物，这样会使正在超越车辆的操作手措手不及而发生事故；只能紧急制动或停车，待后车完全超过后再绕行。

让车后，应扫视后视镜，确认无其他车辆超越时，再驶入正常行驶路线。

3）坡道起步、停车和换挡

① 坡道起步

a. 上坡起步：因受上坡阻力的影响，在操作上除按平路起步要领外，还要注意手制动器和油门踏板的紧密配合。

挂上低速挡，手握住方向盘，两眼注视前方，鸣喇叭。

视坡道大小，踏下油门踏板，将内燃机转速提高到适当程度，逐渐放松手制动器，使平地机平稳起步，随后徐徐踏下油门踏板，加速行驶。

上坡起步的关键是掌握好放松手制动器的时机，解除制动过早，因车轮未获得足够牵引力而产生后溜；若解除制动过迟，会因制动力过大而不能起步。

起步时，若感到动力不足无法前进时，应立即踏下制动器踏板，然后拉紧手制动器，再放松制动器踏板，重新起步。绝对不可在平地机后溜时猛然向前起步，以免损坏传动机件。

b. 下坡起步：在一般缓坡起步时，仍可按平地起步操作要领操作，但加速时间可大大缩短，甚至不加速。有明显的下坡或坡度较陡时，可用Ⅰ挡或Ⅱ挡起步，待手制动器解除制动后平地机有溜动时，再挂挡行驶。

② 坡道停车

a. 上坡停车：操作要领与平地停车基本相同，但应注意：停车时，抬起油门踏板的同时踏下制动踏板，使平地机完全停止；然后，将手制动器置于制动位置，以防平地机后溜。

b. 下坡停车：停车前应先松开油门踏板，运用点刹的方法减慢行驶速度；当平地机行至停车地点时，踏下制动踏板，停稳后将手制动器置于制动位置。

在坡道停车时，如内燃机不熄火，操作手不得离开驾驶室，以防因意外原因造成溜滑事故。

在坡道上一般不宜停放车辆，特殊必要时，应选择路面较宽、前后视距较远的地点停车、熄火。为防止停车后溜滑，一定要将手制动器置于制动位置并用三角木或石块塞住车轮。

③ 坡道换挡

a. 上坡换挡

上坡加挡：起步后，若觉得Ⅰ挡动力有余，可视情况换入Ⅱ挡行驶。其操作要领除按一般加挡要领操作外，还要注意冲速时间要长，换挡动作要迅速。由于上坡阻力大，行驶惯性消失快，冲速时间要比平地稍长，以使加挡后能保持足够的动力行驶。

上坡减挡：除按一般的减挡要领操作外，最重要的是掌握时机。减挡过早，内燃机动力不能充分利用；过晚，会造成动力不足甚至停车熄火。掌握减挡时机，主要靠"听"、"看"来确定。"听"，是听内燃机声音变化；"看"，是看坡度大小和行驶的速度。在行驶中当行速减慢，内燃机声音变低，说明动力已不足，应迅速换入低一级挡位。平地机在上坡行驶时，由于自身重，行速降低很快，要提前减挡，稍感动力不足，就应减挡。

b. 上坡转弯换挡

场地设置：转弯夹角不大于 100°，坡度不小于 8°，路宽 4.7m。

操作要领：平地机驶进弯道时，应尽量靠外侧边线行驶。当铲刀与内端角度接近对齐时，两手交替向左（右）转动方向盘，在右手操作方向盘的同时，左手迅速将变速杆准确换入所需挡位；当平地机内侧后轮达到夹角中心处时，回正方向盘继续前进。

操作要求：平地机铲刀进入弯道换挡区后，才能边转向边换挡，铲刀未出转弯换挡区前完成全部动作；平地机进入转弯换挡区内，不准压线，停车和熄火。

c. 下坡换挡

下坡加挡：由低速挡换入高速挡时，因坡道助力，冲速时间可以缩短，变速动作要快。

下坡减挡：在下坡途中，如需要由高挡换入低挡时，应采取制动减速的方法换挡。其操作方法是：踏下制动踏板，使行驶速度逐渐降到所在挡位的最低速度时，迅速将变速杆移入低挡。

4）通过桥梁

桥梁因建筑材料、建筑形式及长度等不同而具有不同的特点。当平地机通过时，应根据桥梁特点采取相应的驾驶操作方法，以确保安全。

① 通过水泥、石桥

通过水泥、石桥时，如桥面宽阔平整，可按一般驾驶要领通过；如桥面窄而不平时，应事先减速换入低速挡，以缓慢的速度通过，并注意不要为了避绕凹坑过于靠边行驶。

② 通过拱形桥

通过拱形桥时，因看不清对方车辆和道路情况，应减速、鸣笛，靠右边行驶，随时注意对面来车；行至桥顶更应减速，并有制动准备。切忌冒险高速冲过拱桥，以免发生事故。

③ 通过木桥

通过木桥时，应降低行驶速度，缓慢行驶。遇有年久失修的木桥时，过桥前应检查桥梁的坚固程度，必要时进行加固，确保有足够的承载力后，再用低速挡过桥，并随时注意桥梁受压后的情况，若已驶入桥上听到响声，应继续加速行驶，不宜中途停车。发现桥板松动，要预防露出的铁钉刺破轮胎。

④ 通过便桥、吊桥、浮桥

这三种桥的结构特殊，一般桥面窄，通行中桥身稳定性差，特别是浮桥，所以过桥时，操作手须下车察看，确认安全时，方可缓慢通过。通过这类桥梁时，要提前换入低速挡，把好方向盘，稳住油门踏板，平稳过桥。必要时应有专人指挥通过。切不可在桥上加速、换挡、停车。通过钢轨便桥，一定要准确估计轮胎位置，把稳方向盘，徐徐通过。

桥面上如有泥泞、冰雪，过桥时可能有发生侧滑的危险，必须谨慎驾驶，从桥面中间慢慢通过，必要时还应挂上后桥驱动。若桥面过滑，应清除泥泞、冰雪或铺垫一层沙土、草袋等，切勿冒险行驶。

5）通过铁路、隧道和交叉路口

① 通过铁路

a. 通过铁路与公路交叉路口时，要提前降低行驶速度，密切注意两边有无火车驶来，严格服从道口管理人员的指挥。

b. 在通过无人看管的道口时，要切实做到"一慢、二看、三通过"，严禁与火车抢行，以确保安全。若在道口等待通过时，应尾随前车依次纵列停放，不可超越抢前而造成交通堵塞。

c. 穿越铁路时，应一次性通过，不得在火车行驶区域内停车、熄火或滑行。一旦在火车行驶区域内发生故障，必须采取应急措施将平地机拖出，不得在道区内停留。在通过铁路时，还应注意防止轨道等凸凹物损伤轮胎。

② 通过隧道、涵洞

a. 通过隧道、涵洞之前，应降低行驶速度，注意观察交通标志和有关规定。

b. 通过单车道隧道、涵洞时，应先观察对方有无来车，如确有把握通过时，要适当鸣笛，开启灯光，稳速前进。

c. 通过双车道隧道、涵洞时，应靠右边行驶，不宜鸣笛，特别在距离较长、车辆密度较大的隧道内，鸣笛会使隧道内噪音更大。

d. 通过隧道、涵洞时，如有人指挥，要自觉服从，不准抢行。进出隧道，应待视力适应后，再正常行驶；必要时可停车使眼睛适应。

e. 隧道内不可停车，以免阻塞交通和释放大量废气。

③ 通过交叉路口和居民区

交叉路口是车辆与车辆、车辆与行人相互交会比较集中、容易发生交通事故的地方。因此，在通过交叉路口时，必须严格遵守交通规则，提高警惕，时刻注意观察各方来车和行人的动态，并将行驶速度降到最安全的程度，随时做好停车准备。

a. 通过有交通指挥的交叉路口时，一方面注意交通指挥信号的变换，另一方面把行驶速度降低，见到放行的信号后方可加速通过。

b. 通过没有交通指挥的交叉路口时更要提高警惕，严格遵守车辆通行的有关规定；除了注意对面非机动车和行人、牲畜动态之外，还要注意其他方向有无机动车驶来。

c. 通过居民区时，必须停车察看村镇街道宽度和弯道半径，确认可通过时，派出调整哨，并做好随时停车准备。在居民区内一般不可停车检修，应集中精力，注意过往行人、牲畜和路旁、路上空的建筑物、电线，避免发生事故。

（4）复杂条件下的驾驶

1）凹凸路驾驶

平地机在凹凸路上行驶，由于路面不平，车身剧烈振动，容易损坏机件。有时因振动剧烈，操作手失去控制方向和油门踏板的能力，使平地机忽上忽下，忽左忽右，行驶速度忽快忽慢，容易发生事故。行驶中遇到这种道路时，应灵活运用以下驾驶操作方法。

① 保持正确的驾驶姿势

在凹凸路面上行驶，操作手要保持清醒的头脑和耐心，同时保持正确的驾驶姿势：上体紧贴靠背，两手握牢方向盘，尽量不使身体摆动或跳动，否则会影响均匀加速，失去对行驶方向的控制能力。在行驶中，要随时注意各部件的声响，通过后，应进行必要检查和修理。

② 匀速通过

通过连续面积小的凹凸路面或"搓板路"时，应保持适当的速度匀速前进，以减少平地机振动。通过一般不高的横向凹凸路段，可使平地机成斜角驶过，使左右轮分别先后接触障碍物，避免两轮同时振跳及胎面与沟沿的垂直切削，以减小对平地机的冲击力。在可能引起跳动的不平道路上，应用低速挡以平稳的速度通过。

③ 减速通过

通过一般凹凸障碍物时，应及时降低速度，同时注意观察其形状和位置，以确定通过方法。如果障碍物位于路的中间，其两侧可通过车辆时，应选择较安全的一侧通过。如果障碍物在路中间，高度小于平地机最小离地间隙，其宽度小于轮距时，可使平地机左右轮位于障碍物两侧缓慢通过，当障碍物高于最小离地间隙，且宽于轮距，又坚硬时，应换低速挡，使一侧轮胎压在障碍物较低一面，另一侧轮胎压在平路上，缓慢通过。

通过凸形障碍物时，应先制动减速，在接近障碍物时，换用低速挡缓慢行驶，要使两前轮正面同时接近障碍物，以免机架受到过大的扭转；当前轮抵触障碍物时应加大油门，使前轮驶上障碍物；当前轮刚越过障碍物顶端时，放松油门踏板，让前轮自然滑下，然后，用同样方法，使后轮通过障碍物，再继续前进。

通过凹形障碍物时，应预先放松油门踏板，运用间歇制动的方法使行速减慢，利用平地机惯性慢慢前进，待前轮进入沟底时再加速；如感到动力不足，应迅速换入低速挡，使前轮通过，待前轮越过后即放松油门踏板，使后轮慢慢下沟，然后，再加速通过。

行驶中如突然遇到较大的凹形障碍物，应立即放松油门踏板，迅速制动使行速很快降低，紧握方向盘，待临近障碍物时，放松制动踏板，利用平地机惯性低速通过，但切忌使用紧急制动，以免加大前桥负荷。

平地机通过凹坑时，应从一侧绕行，如因地形限制不能绕行时，可视凹坑形状大小，自行推填坡路通过。通过坡路应选择坡度缓、土方量小的地段进行。

遇有较小的凹坑时，如坑的四周容易取土，可推土填坑，构筑简易通路；如果填土困难，可在坑内开辟道路。遇到坑大且深的弹坑时，尽量在坑的一侧，采用半挖半填的方法开挖道路。如必须从坑的中部通过时，应采用斜进斜出的方法开辟坡道。进坑坡道可稍陡些，但出坑坡道要缓，其坡度不应大于 20°。采用半挖半填的方法开挖道路时填方一侧的土要高一些，以防止轮胎下陷。

通过挖填路段时，要挂上后桥驱动，用 I 挡靠压实方一侧行驶；在行驶中要提高警惕，时刻注意轮胎是否下陷或机身是否歪斜，如发现轮胎下陷或机身歪斜时，要立即后退离开下陷区，待继续填土和压实后再前进。

2）泥泞路和沼泽地驾驶

平地机在泥泞路和沼泽地上行驶，车轮容易陷入泥泞之中，阻力增大，附着力减小，各轮容易发生空转和横滑，给正常驾驶带来一定困难。其行驶的正确操作方法如下：

① 尽量选择使车轮左右同高、泥泞浅、坡度小、路面较干燥、平坦、坚硬、有前车车辙的地方保持正直行驶（沼泽地应避开前车车辙）。如果从泥泞较深的地方通过时，应保持充足的动力，并注意不使平地机底盘部分碰及地面突出物。

② 要挂后桥驱动，用低速挡行驶，保持足够的动力一气通过，中途尽量避免换挡和停车。

③ 行驶中发生横滑时，应立即减低速度，同时将方向盘向后轮滑动的同一方向转动，以调整平地机行驶方向，避免继续横

滑；待车轮与车身的方向一致后，再将平地机驶入正道。横滑时不可紧急制动，乱打方向，以免发生更大的横滑。

④ 车轮陷入泥泞打滑时，应视道路情况将平地机向后倒一点再用中速挡前冲通过；如果仍不能开出，不可继续使用此种方法，以免车轮原地滑动下陷更深。有条件时应先铺设制式器材或就便器材，如车辙板、碎石、沙子、束柴、木板等，然后通过。

⑤ 在泥泞地段上坡时，一般用低速平稳行驶，尽可能少换挡和不停车。下坡时，为防止平地机向下滑动，应先换入低速挡，再降低内燃机转速来控制下坡速度，特别是在转弯时，应防止平地机向一侧横滑。

⑥ 严禁紧急制动，因为在泥泞路上行驶附着力小、制动效率低，不但不能达到制动目的，还会造成侧溜下沟或翻车、撞车等事故。

3）冰雪地面驾驶

平地机在冰雪地面行驶时，因轮胎附着力小，容易打滑，而积雪又增大了行驶阻力。因此，要正确掌握操作要领，避免发生事故。

① 通过雪地

a. 因雪覆盖地面，道路的真实情况不易辨别，要根据路旁标志、树木、电线杆等进行判断，同时，行驶速度要适当控制，沿道路中心或积雪较浅的地方缓慢行进。如积雪深度高于前后桥，平地机难以通过时，应放下铲刀边推除厚的积雪边行驶。在转弯、坡道、河谷等地段行驶时，应特别注意行驶路线，路况稍有可疑应立即停车，待查看清楚后再继续行驶。积雪有车辙的地段，应循车辙行进，方向盘不得猛打猛回，以防偏离车辙打滑或下陷。

b. 尽量不要超车，以免发生危险。会车时，应选择比较安全的地段。如需要停车时，应提早换入低速挡，缓慢地使用制动器，以防侧滑。

c. 停车时间过长，轮胎可能冻结于地面，致使起步困难，因此，停车时必须选择适当地点或在轮胎下垫以树枝、杂草等物；如已冻结，应设法挖除轮胎周围的冰雪和泥土，切勿强制起步，以防损坏轮胎和传动机构。

② 通过冰地

a. 平地机在冰地上起步，轮胎容易打滑，在未装防滑链起步时，要轻踏油门踏板，以减低驱动扭矩，适应较小的附着力，防止轮胎滑转。如果起步困难，可在驱动轮下铺垫沙土、干草等物，以提高附着力。

b. 要选适当挡位行驶，如在光滑的冰地上，应用低速挡缓慢通过；如在不甚光滑的冰地上，需要提高行驶速度时，应逐渐加速，以防轮胎滑转，影响行驶速度。

c. 在冰地遇到情况或通过桥梁、窄路时，必须提早放松油门踏板，利用内燃机低速的牵阻作用，减速慢行，尽量避免使用制动器，严禁紧急制动，以防平地机横滑。

d. 转弯时，速度一定要慢，转弯半径要适当增大，切不可急转向，以免发生侧滑。一旦发生侧滑时，其处置方法与泥泞路相同。

③ 通过冰冻河川

平地机能否在冰面上行驶，主要取决于冰层的厚度和冰层与岸边的连接状况。选择冰上渡口时，在 3 昼夜内平均气温下，所需冰层厚度：−10℃ 以下时为 43cm；−5℃～0℃ 时为 49cm；0℃ 以上（短时间内冰融化天气）时为 54cm。通过冰层时应注意以下几点：

a. 行驶速度不宜太高（采用Ⅱ挡即可），速度要平稳，避免急加速。

b. 车队通过时，两车车距不应小于 30m，前车发生故障时一般不应超越；必须超越时，其横向间隔不得少于 30m。

c. 在冰上不得停车和制动；必须停车时，起步比平时要更稳更慢，否则会造成起步困难或不能起步。

d. 为避免冰上打滑，轮胎应装上防滑链或缠绕防滑绳。通过冰面地段后，要及时取下防滑装置，切忌带防滑链在道路上长距离行驶。

（5）夜间驾驶

夜间驾驶的行车条件和环境，有其自身的特点和规律，也有客观复杂因素为夜间安全行车带来一定困难。因此，出车前必须做好检查保养工作，尤其是电气设备一定要完好；带齐必要的配件和工具；细心观察，谨慎驾驶。

1）对道路、地形的判断

夜间行驶可以从行驶速度、内燃机声音和灯光等方面进行情况判断。

① 当行驶速度自动减慢和内燃机声音变得沉闷时，说明行驶阻力已经增大，正在上坡或驶进松软地段；当行驶速度自动增快和内燃机声音变得轻松时，说明行驶阻力减小或正在下坡。

② 当灯光投射距离由远变近时，说明平地机已接近或驶入上坡道、接近急转弯或将要到达起伏坡道或低谷地段。

③ 当灯光照射距离由近变远时，说明平地机已从弯道转入直线，或者已从陡坡道驶入缓坡道。

④ 当灯光离开路面时，前方可能出现急弯或接近大坑，或者由上坡驶入坡顶。

⑤ 当灯光由路中移向路侧时，表明前方是一般弯道；如果连续移向路的两侧时，说明是连续弯道。

⑥ 当前方出现黑影而驶近消失，说明是小坑洼；如果黑影不消失，表明路面有深坑大洼。

2）驾驶要领

① 灯光的使用

灯光有照明和信号两方面的作用，须根据情况灵活运用。遇到大雾或阴暗天气，白昼也要使用灯光。在城市，灯光使用时机应与路灯开闭时间相一致。具体使用方法是：起步前，先开亮灯光看清道路；平地机停稳后，关闭灯光；临时停放，应开亮小灯和尾灯，以引起其他车辆注意，防止发生意外。

在有路灯的道路上，行驶速度在 30km/h 以下时，可使用近灯光或小灯；在无灯光的道路上，行驶速度在 30km/h 以上时，可使用远灯光。夜间通过繁华街道时，由于各种灯光交错反射、光线较强，应降低行驶速度，改用近光或小灯；通过交叉路口时，距路口 30～35m 处，要关闭大灯改用小灯，根据需要使用转向灯；雨雾中行驶，应使用大灯近光，不宜使用大灯远光，以免出现眩目光幕，妨碍视线。

② 行速和车距的控制

行驶中如道路平坦、宽直、视线良好可使用远光灯，适当加快行速；如道路不平或遇交叉路口、转弯、桥梁等复杂情况，应减速慢行，同时使用近光灯，并做好随时停车准备。

在车队中行驶或遇有前方车辆时，根据行驶速度适当加大行车距离。在多尘路面上跟车行驶，也应保持较大间隔，以免前车扬起的尘土妨碍视线。

③ 夜间会车

夜间会车，首先降低行速，选择交会地段，并做好主动让车的准备。在距离前方来车 150m 左右时，大灯改用近光，控制行速，靠右侧保持直线行驶；当与前车相距 100m 以内时，双方均应使用大灯近光，此时，应观察清楚前方地形、路线，也应顾及对方的行车路线，掌握适当的行驶位置，切不可在看不清道路的情况下，盲目转动方向，遇到与车队会车时，一般应停车让路。

④ 夜间超车

夜间行驶尽量避免超车，如必须超车则应在跟近前车后，连续变换远近灯光，必要时以喇叭配合（一般不使用），在确定前车已让路允许超车时，方可超车。

3）注意事项

① 如遇道路施工信号灯，应减速慢行，在险要路段和路况不明的情况下，应停车察看，弄清情况后再行驶。

② 需要倒车或调头时，必须看清进倒地形、上下及四周的安全界限。并在进倒中多留余地。

③ 如遇大灯突然不亮，要沉着果断稳住方向盘，尽快停车，同时立即开亮小灯；然后，慢慢靠近右边停稳，待修复大灯后再继续行驶。

④ 如感到十分疲劳和困倦时，应就地休息，不可勉强驾驶，以防发生意外。

⑤ 车辆交会时，如果来车未及时变换灯光，应在减速的同时，反复明暗灯光示意，切不可以强烈的灯光对射，以免发生撞车事故。

⑥ 注意仪表工作情况和灯光工作情况，当发现仪表工作不正常，或灯光晃动、间歇性明暗时，应随时停车排除。

第三节　平地机的场内作业种类及操作规程

平地机的作业主要是铲土侧移、推土、挖沟和刮坡。在作业前应根据作业要求，通过操作杆的配合动作调整铲刀的铲土角、平面角、倾斜角以及铲刀的侧伸倾斜等，以适应不同工况的需要，操作平地机高效完成施工任务并不是一件简单的工作。

1. 平地机作业规范

（1）作业准备

1）详细了解作业内容和施工技术要求，仔细检查作业区内各种桩号的位置。

2）检查平地机四周有无障碍物及危及安全的因素，请无关人员离开作业区。

3）检查各连接部件的紧固情况，特别注意车轮轮毂、传动轴等处的连接螺栓有无松动。

4）操作手柄、变速器操作杆必须置于空挡位置，其他各操作杆均置于中间位置。

5）检查转向装置和制动装置是否灵活可靠。

6）检查各仪表、灯光、喇叭等信号装置是否正常。

7）检查液压系统是否完好。

8）将刮刀、齿耙等作业装置置于运输状态，并检查其是否完好。

9）铰接式平地机，检查其铰接转向装置是否完好，并在运输前将前后轮调整在一条直线上。

10）检查轮胎是否完好，气压是否符合规定标准。

（2）作业与行驶

1）平地机起动后，先换低速挡轻踩加速踏板缓驶，待确认一切正常后方可升挡行驶。

2）在平坦道路上行驶用高速挡；在条件较差的道路或坡道行驶时，用低速挡；作业均用低速挡。

3）平地机掉头或转弯时，使用最低速度。

4）平地机在低速行驶或改变行驶方向时，一般应停车换挡，高速行驶可在行进中换挡。

5）下坡时必须挂挡，禁止空挡滑行。

6）行驶时，必须将刮刀与齿耙升到最高处，并将刮刀斜置，刮刀两端不得超出后轮外侧。

7）行驶时，一般只用前轮转向，在场地特别狭窄的地方可同时采用后轮转向，但小于平地机最小转弯半径的地段，不得勉强转弯。

8）制动时要先踩下离合器踏板，在变矩器处于刚性闭锁状态时，不能用制动器。

9）不论作业或行驶，都应随时注意各仪表的读数是否正常，变矩器油温超过 120℃时，应及时停车，待油温下降后再继续运行。

10）以推土作业为主时，应用较小的铲土角。

11）摊铺及平整作业时，应用较大的铲土角。

12）操作刮刀引出杆，可以将刮刀引出，对平地机侧边较远的地方加以平整。

13）在曲折的工线上，可以利用全轮转向，机动灵活地进行工作。

14）将刮刀斜置，用刮刀前端着地即可进行挖沟作业。

15）修边坡时，应根据边坡坡度调整刮刀倾斜度。

16）用齿耙破碎旧路基、摊铺石子等作业，遇到较大阻力时，可以减少齿数。

（3）作业后要求

1）应将平地机停放在平坦安全的地方，不得停放在坑洼有水的地方或斜坡上。

2）停放时，应将所有作业装置落地或刚性固定。

3）停机后，如需升起作业装置进行维修作业，该装置必须被牢靠固定。

4）停机后，必须将铰接式平地机的铰接转向机构锁定。

5）每天完成作业后，清除附留在机身上的泥土、杂物，并进行例行维护工作。

2. 作业前的调整

平地机的作业主要是铲土侧移、挖沟和刮坡。在作业前应根据作业的要求，通过操作杆的配合动作调整铲刀的铲土角、平面角、倾斜角以及铲刀的侧伸倾斜等，以适应不同工况的需要。

（1）铲土角调整

铲土角度最大调整范围为 40°。调整方法如下：

1）调整时先旋转铲刀使其与纵轴线垂直，再把铲刀降到地面上；

2）拧松铲刀上的锁紧螺母，并连同止动板取下；

3）升降铲刀来改变铲刀的铲土角度；铲刀上升铲土角增大，相反则减小；

4）调整好后拧紧锁紧螺母（图8-11）。

（2）平面角、倾斜角调整

铲刀在回转蜗轮箱内小齿轮的驱动下，可以作 360°回转。平面角、倾斜角是根据作业的需要，通过操作铲刀回转或铲刀升降来改变的。回转铲刀时，应注意不要碰撞轮胎、变速箱、护板等部位，以免损坏机件。平面角和倾斜角在各种土壤条件下的合

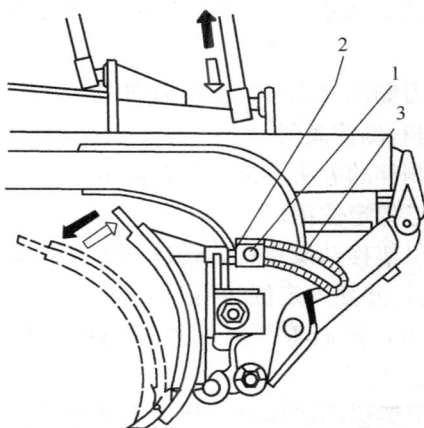

图 8-11 铲土角调整

1—锁紧螺母；2—止动板；3—角位器

理使用范围如表 8-2 所示。

铲刀各种角度的使用范围 表 8-2

工作条件	安装角	铲土角 (°)	平面角 (°)	倾斜角 (°)
铲土	经犁松的土	至 40	至 30	至 11
	经松土器耙松的土	至 40	30～35	至 11
	未松的Ⅰ、Ⅱ级土	至 35	40～45	至 15
运土	重土质	至 35	40～50	至 11
	轻土质	40	35～45	至 13
整修路基	削平	40	45～55	至 18
	摊平并拌合压实	40～60	55～90	至 30

（3）铲刀左（右）侧伸的调整

1）将铲刀落于地面；

2）卸下铲刀移动液压缸活塞杆枢轴座，操作铲刀侧伸操作杆使枢轴座移向右（左）边的位置，并固定牢靠；

3）升起铲刀，操作牵引架液压缸，使牵引架向左（右）移动；

4）操作铲刀侧伸操作杆，使铲刀向左（右）伸出。

（4）铲刀向右侧伸倾斜

1）按铲刀侧伸的方法将铲刀向右伸出；

2）拔出环形架定位销；

3）操作牵引架移动操作杆，带动环形架转动，使其轴销孔对正导架左销孔，并插入定位轴销；

4）升起铲刀，使右液压缸活塞杆缩短，左液压缸活塞杆伸长；

5）操作牵引架移动液压缸，使牵引架继续向右移动，把铲刀移到机架右侧；

6）操作铲刀回转操作杆，使铲刀竖起（刮边坡用）。

（5）松土器调整

当需要松土器工作时，将弹簧销拆下，把耙齿轴拉出，便可改变耙齿的工作位置。耙齿放下，再把定位杆推回。如需减少耙齿数量时，耙齿之间需放置间隔套以防耙齿左右移动。松土作业时，利用铲刀升降液压缸，使松土器得到合适的入土深度，其最大入土深度为150mm，如图8-12所示。

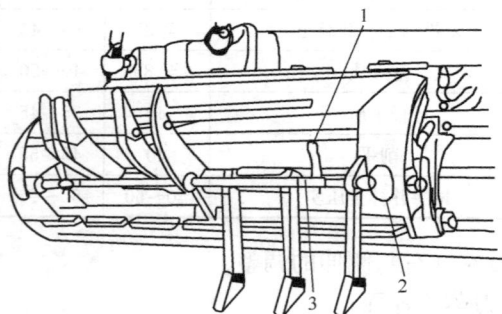

图 8-12　松土器调整

1—弹簧销；2—耙齿轴；3—支架

（6）回转圈间隙的调整

回转圈经过长时间的使用，会因磨损使配合间隙增大；如果发现径向跳动，其间隙超过 3mm，或轴向间隙超过 2.5mm 时，需调节回转齿圈导板，如图 8-13 所示。

1）轴向间隙调整

调整时，拧下螺母，取下 4 个导板，增减调整垫片即可调整其轴向间隙，保证正常间隙为 1mm，间隙调好后，重新装好导板。

2）径向间隙调整

径向间隙调整时，拧松固定螺母

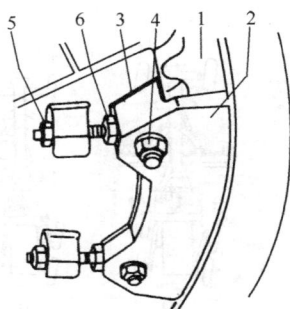

图 8-13　回转圈调整

1—回转圈；2—导板；3—调整垫片；4—固定螺母；5—锁紧螺母；6—调整螺母

4 和 5，拧动调整螺母来调整导板径向间隙，使其达到 0.5mm。调整后把所有螺母紧固，其中螺母的紧固力矩为 590N·m。

3. 基本作业

（1）平整作业

平整作业适用于修整路基、平整场地、回填沟渠或铺散筑路材料等。

作业时应根据工程的要求和土质情况，适当地调整铲刀角度，以 I 挡或 II 挡前进，将铲刀下降切入土中，根据负荷和地形情况，随时调整切土深度、平面角度和行驶方向，使铲起的土壤沿刀面侧移，卸于平地机一侧（图 8-14a）或两轮之间（图 8-14b）。但要注意不应使土垄处于后轮的轨迹上，否则将会影响平地机的牵引力，并会造成铲切地段的高低不平。

在填塞沟渠时，应使铲刀向沟渠方向侧伸，将土壤卸于沟内，并保证机械行驶的安全。倒车时可将铲刀回转 180°，进行倒车作业（图 8-14c），以提高作业效率。

在铲土的最后阶段进行平整或铺设沙石等材料时，应将铲刀调至与其纵轴线成 90°，平地机以 II 挡或 III 挡前进，调好铲刀的

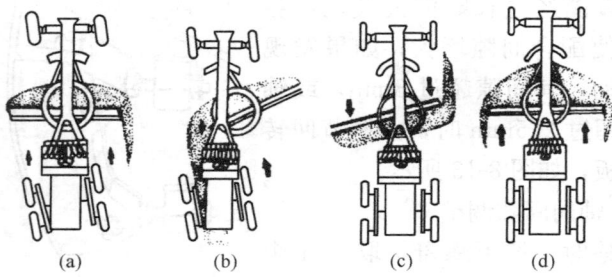

图 8-14　铲刀侧向卸土位置

(a) 一侧卸土；(b) 两轮间卸土；(c) 倒车作业卸土；(d) 两侧卸土

高度，少量切土，使铲切的土壤大部分向前推运，少量溢于两侧（图 8-14d）。对于溢出的土壤，可将铲刀降至地面，以较高的行驶速度将土壤完全铺平。

在曲折的工作线上，操作手要把准方向或利用全轮转向方式，机动灵活地进行作业，如图 8-15 所示。

图 8-15　曲线作业

（2）挖沟作业

挖沟作业用于开挖道路的边沟和场地的排水沟。挖沟时一般将铲刀斜置，以铲刀一端着地进行作业，如图 8-16、图 8-17 所示。

挖沟作业包括标定、加深和修整三个阶段，如表 8-3 所示。作业前应清除障碍物，并进行粗略的平整。必要时将土壤耙松，标出沟渠的中心线。

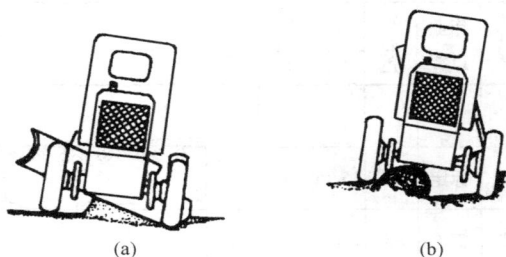

图 8-16　挖沟作业（1）

（a）挑沟作业；（b）刮沟底作业

图 8-17　挖沟作业（2）

（a）斜行作业；（b）刮土作业

1）标定作业

标定作业对整个作业质量，尤其是对沟槽方向的正直有很大影响。作业时，铲刀的铲土端与前轮外缘对齐，并使前轮向沟的内侧作适当的倾斜，铲刀端在沟内要距沟槽外缘 15～30cm。

平地机以Ⅰ挡前进，铲刀前端下降进行铲土，铲土的深度一般不超过 10cm；铲刀后端升起距地面约 40cm，使铲切的土壤在铲刀中部卸于两轮之间。

在作业过程中要注意掌握平地机的行驶方向，使其沿标线前进，以保证开挖沟槽的正确位置。

阶段	循环	行程	作业过程	平面角	铲土深	倾斜角	速度	图　　示
标准作业		1	标定	35°	15cm	9°	I	
加深作业	1	2	铲土	35°	15cm	11°	I	
		3	运土	45°			II	
	2	4	铲土	35°	24cm	17°	I	
		5	运土	45°			II	
	3	6	铲土	35°	16cm	21°	I	
		7	运土	45°			II	
修整作业		8	修整			33°	I	
		9	修整	35°		21°	I	
		10	运土	45°			II	

2）加深作业

加深作业是在标定作业之后，依次进行铲土和运土。每次铲土均应适当的内移，以留出一定宽度的阶梯。所留各阶梯的宽度应大于或等于各次铲土的深度，以使每次铲土与侧坡设计线相吻合。作业时，平地机以 I 挡前进，使铲刀前端下降，后端升起，铲刀的正确位置，应使每次铲土所形成的土垄处在后轮内侧，以保证平地机行驶稳定。随着铲土阻力大小的变化及时调整铲土的深度，但一次不能调整过多，以免造成波浪形而影响下一行程的作业。每次铲土的深度和宽度应尽量保持一致，最后一次铲土必须铲至沟的全深和全宽。一般每铲土一次都要运土一次或两次，运土时根据土壤情况和土垄的大小，将铲刀伸出土垄外 10～20cm，并使运土形成的土垄处在后轮的外侧。此外，在每次的铲土和运土过程中，为保持平地机的稳定性和便于掌握行驶的方向，应使前轮向沟的内侧作适当的倾斜。

3）修整作业

修整作业主要是将沟槽挖至全深后对外侧坡进行修整。作业时根据地形条件，可使平地机跨在沟槽上，将土壤铲切至沟的外沿或用铲刀后端铲切于沟内，然后进行清除，如受地形限制，可将铲刀侧引倾斜于平地机的一侧，使平地机沿沟槽行驶，将土壤铲切于沟内，而后进行清除。

（3）刮坡作业

刮坡作业如图 8-18 所示，主要用于铲刮修整 25°～70°、3～4m 高的侧坡。作业前要按铲刀侧引倾斜的调整方法将铲刀调至平地机一侧，然后使铲刀上端朝前，以 I 挡前进，下降铲刀进行铲土。作业过程中，以转动回转圈或移动铲刀调整刮坡的高度，以升降铲刀调整刮坡的坡度。为了增加平地机作业的稳定性，应将前轮向侧坡方向倾斜。

图 8-18　刮坡作业

为了提高作业效率，最好用两台平地机配合作业，用未侧引倾斜铲刀的平地机平整路基表面，另一台铲刮侧坡土壤。

（4）作业中的安全规则和注意事项

1）平地机作业时必须在起步后方可让铲刀和松土器切土，

否则会引起起步困难和损坏机件等事故。

2）铲刀的回转与铲土角的调整以及向机外倾斜都必须在停车时进行。

3）作业中升降铲刀左右端时，应逐次一下一下地拨动操作杆，避免将操作杆每次拨动的时间过长。否则会引起过多的切削，使机械超载打滑，以及造成作业面的波浪形等。

4）作业中的各类铲刮作业都应采用低速挡行驶，刀角铲土和使用松土器时要用Ⅰ挡，其他刮土与平整作业，可视情况采用Ⅱ挡或Ⅲ挡行驶。

5）在横坡超过10°时，禁止平地机在该地段上作业。

6）在新填路基边缘作业时，距路基边缘至少有1m的距离，以免发生事故。

7）行驶时要先将铲刀与松土器升到最高位置，并将铲刀回转到最小的刮土角，不让铲刀的两端突出机外。

8）行驶或作业中，不准站立或乘坐在平地机的平衡架或车架、回转圈上。

9）在高速挡行驶中，禁止前后轮同时转向；因为车速快，前后轮同时转向难以配合，易出事故。下坡时禁止放空挡滑行。

4. 应用作业

（1）修筑路基

平地机修筑路基作业就是按路基规定的横断面图的要求开挖边沟，并将边沟内所挖出的土移送到路基上，然后修成路拱。

平地机修筑路基作业的施工程序通常是从路的一侧开始前进，到达预设标定点后，调头又从另一侧驶回，如此一去一回叫做一个行程。

图8-19所示为平地机修筑路基时的施工程序。首先，平地机以较小的铲土角（视土壤的性质可以在30°~40°范围）用刀角铲土侧移实施挖沟作业；然后以较大的铲土角，用侧移法将松土自两边铲送到路中心；最后以平刀（铲土角90°）或较大斜刀将中心的小土堆刮散或刮向路边，使之达到设计要求。铲土和送土

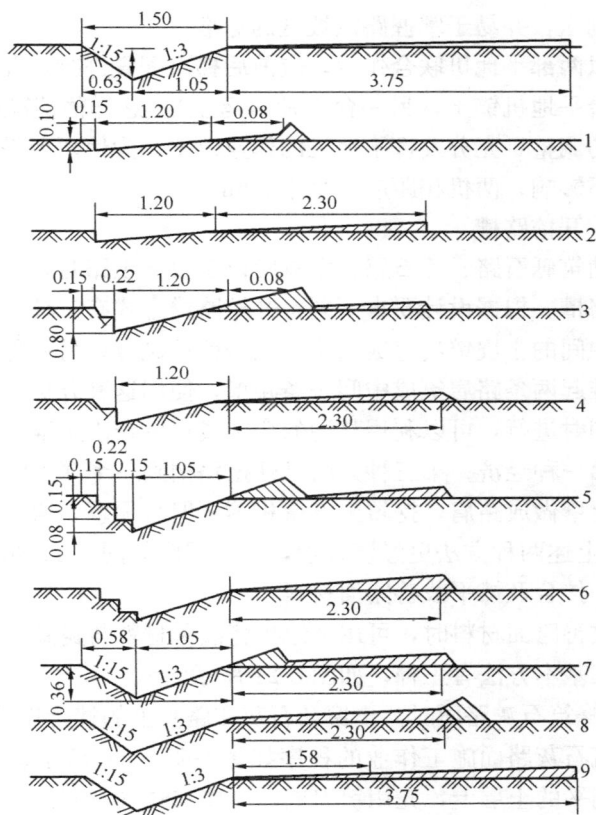

图 8-19　修筑路基施工程序

需要多少行程应视路基宽度和边沟大小以及土壤的性质而定。最后平整一般只需 2～3 个行程。

由于从边沟挖出的土壤是松散的，平地机驶过后必然会压成一条条凹槽，这样当平地机在第二层刮送土壤填铺路拱横坡时，就很难掌握正确的标准，而且还不容易把凹槽刮平。为了使平地机运送的土壤摊平，刮送第一层时；就应将前后轮都转向，让车身侧置，前后轮正好错开位置。此时，平地机轮胎在一次行程的刮送工作中，就可将前一行程的大部分碾压一遍，这样有利于第二层的刮送，并易于掌握路拱坡度的标准。

如以两部平地机联合作业，应前后梯次配置进行，并进行分工（一台平地机铲土，另一台平地机运土）。这样便能减少铲刀铲土角的调整，充分发挥平地机的作业效率。为使两台平地机作业时互不影响，两机相距应不小于 20m。

（2）开挖路槽

在铺筑砾石路、碎石路、沥青路以及改善土路时，可用平地机开挖路槽。根据设计要求不同，开挖路槽方式有三种：一种是把路基中间的土壤铲出挖成路槽，土壤就地抛弃；另一种是在路基两侧堆起两条路肩筑成中间一条路槽，使用这种方法可以与修整路型同时进行，可以利用整型的余土或预留余土来堆填，这种方法比第一种经济；第三种方法是开挖路槽到一半深度时，再把挖起的土壤做成路肩，挖填土方量相等（但必须事先通过设计计算），比上述两种方法更经济合理，施工程序如图 8-20 所示。

（3）拌合及摊平改善路面材料

在改善路面材料时，可用平地机将改善材料与路基上的土壤拌合，其基本方法有三种，如图 8-21 所示。

1）修筑石灰路面时，土壤和石灰在路基上的拌合作业

修筑石灰路面施工作业的程序如图 8-21（a）所示。在经过耙松及刮平的土层上，先用铲刀铺一层掺和料（石灰或沙子等），然后与土壤一起拌合。先将料向外刮，第一行程用斜铲沿路的一侧铲入，深度到硬土层为止，此时被铲出的土壤与掺合料就在路肩上形成一条料堆；然后向路中侧移机进行第二行程，再把土壤与掺合料刮堆到路肩一侧，形成第二条料堆。初次拌合，所需铲刮次数视路宽而定。

第二次拌合是将料堆依次铲向路中心，以后各次拌合依此类推，至拌合均匀后摊平并修成路拱即可。

2）掺合材料堆置在路基中线上修筑路面的拌合作业

先把掺合材料堆置在经过翻松的路基中心线上如图 8-21（b）

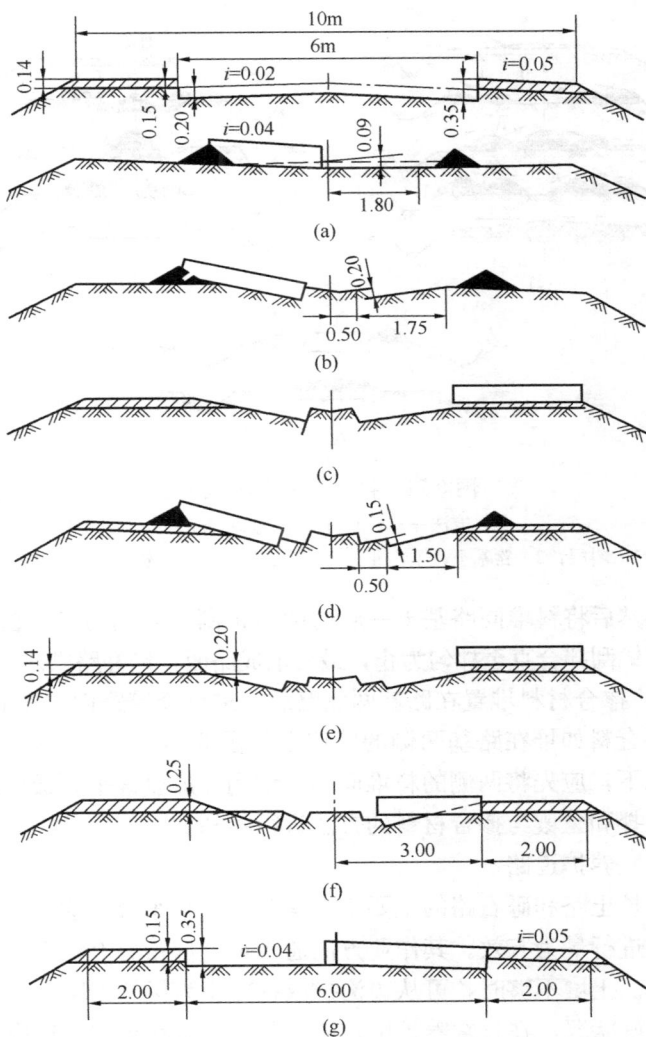

图 8-20　在现有路面上开挖路槽程序

(a) 第 1 次挖土；(b) 第 2 次挖土；(c) 第 3 次摊土于路肩；
(d) 第 4 次挖土；(e) 第 5 次摊土于路肩；(f) 第 6 次挖路槽侧部；
(g) 第 7 次挖路槽侧部并刮平底部

123

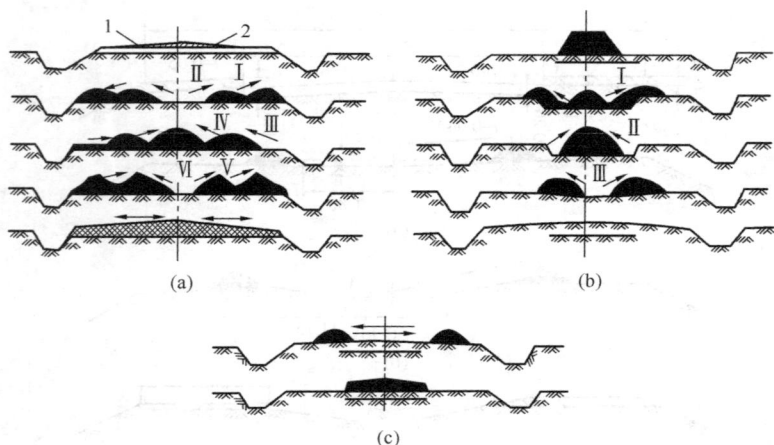

图 8-21　拌合摊平路面材料

(a) 方法一；(b) 方法二；(c) 方法三

1—料层；2—路基土；Ⅰ、Ⅱ、Ⅲ、Ⅳ、Ⅴ—平地机铲刀拌和次序

所示，然后将料堆同路基土一起向两边铲刮，完成初次拌合。经过反复铲刮拌合直至拌匀为止，最后铺成路面，修好路拱。

3）掺合材料堆置在路基两侧路肩上进行修筑路面的作业

掺合料如堆在路基两侧的路肩上如图 8-21（c）所示。在这种情况下，应先将两侧的料堆向路中铲刮并加以铺平，最后按在路基上拌和土壤与掺合材料的方法进行拌和。

（4）养护道路

养护土路和砾石路的主要工作是及时刮平车辙，这个工作用平地机进行最为有效。其作业方法通常是：从路肩上铲土，将车辙填平。土壤不够时，可从边沟挖取补充。为保持土路、砾石路长期完好状况，在日常养护中，应利用平地机在规定周期内进行有计划的刮削平整，并清除路肩上的草皮。

（5）清除积雪

一般情况下，用平地机清除道路上的积雪是很有效的。作业时，清除宽度不大且积雪不厚（30cm 以下）时，平地机可从路中心依次向外推运；而当清除宽度较大和积雪较厚时，应从两侧开始推运，以免形成大的雪垄而无法推运。作业时的平面角应调为 40°～50°，倾斜角不应超过 3°。如图 8-22 所示。

当积雪较厚时，平地机应安装扫雪装置进行作业。

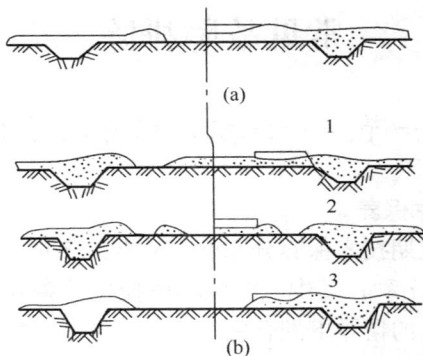

图 8-22　平地机清除积雪作业
（a）中心清除法；（b）两侧清除法

第九章 平地机的保养维护与常见故障排除

第一节 平地机的保养与维护

1. 定期技术保养

平地机的定期技术保养分50h、100h、250h、500h、1000h、2000h和3000h 7种；其中50h保养由操作手独立完成，其余需在专业维修人员的指导下配合完成。

（1）50h磨合后的技术保养

在投入使用之前，平地机应进行50h试运行，否则不得投入正式使用。50h磨合运行，按平地机《使用说明书》中有关规范进行。磨合试运转结束后，须按以下规定进行技术保养：

1）重复日常技术保养的全部项目；

2）检查轮胎气压，检查车轮螺母（用扭力扳手检查：力矩450N·m）；

3）更换内燃机机油，热车时放尽旧机油，然后注入新机油，经短期运行后检查机油油位是否在规定高度；

4）检查液压油油位，加液压油至规定量；

5）检查内燃机冷却液液面高度，加冷却液至规定量；

6）平衡箱及液压系统是否有渗漏现象，有则必须消除，并加液压油至规定量；

7）内燃机每工作50h，必须清理空气滤清器一次。

（2）100h、250h、500h、1000h、2000h、3000h技术保养略。

2. 维护紧固

在最初的 50h，机械使用前、后均应对紧固件进行检查；之后每隔 250h 应检查一次。紧固扭矩参考表 9-1 和表 9-2。

紧固扭矩技术规格 表 9-1

公制螺母和螺栓			
螺纹尺寸	标准紧固扭矩值（N·m）	螺纹尺寸	标准紧固扭矩值（N·m）
M6	12±3	M14	160±30
M8	28±7	M16	240±40
M10	55±10	M20	460±60
M12	100±20	M30	1600±200

主要部件上螺栓的紧固扭矩值 表 9-2

螺栓尺寸	推荐的紧固扭矩值（N·m）
M20 行驶马达固定螺栓	580
M22 轮毂螺栓	550
M24 回转支撑紧固螺栓	590
M16 行驶马达连接板固定螺栓	295
M72 车轮轴紧固螺母	2300~2800

1）前后车轮的紧固螺栓；

2）车轮轴的锁紧螺母；

3）作业装置的滑板紧固螺栓、张紧螺栓；

4）内燃机及其附件的安装螺栓；

5）空调、摆架安装螺栓等。如果有松弛，请用扭矩扳手来检查并紧固螺栓和螺母至图表的扭矩，损坏时应用同等级或更高级的螺栓和螺母进行更换。

6）螺栓安装及紧固要求：

① 在安装之前确保螺栓和螺母上的螺纹清洁；

② 给螺栓和螺母涂上润滑剂，以稳定它们的摩擦系数；

③ 如果配重的装配螺栓已松弛，应及时拧紧；

④ 要求的紧固扭矩值以 N·m 表示。

3. 常见故障的判断与排除

操作手应掌握判断常见故障的基本技能，熟悉排除常见故障的一般方法。下文中归纳了一些常见故障的现象、原因及排除方法，可供参照。

第二节　常见故障的判断与排除

平地机常见故障原因和排除方法见下表。

故障现象	故障原因	排除方法
内燃机启动困难	1. 燃油系统中有空气 2. 燃油管或燃油滤清器堵塞 3. 蓄电池电量不足 4. 电器系统接头松脱	1. 放气、紧固油管接头 2. 清洗 3. 充电 4. 修复线路
内燃机机油压力失常	1. 机油数量不足 2. 机油滤清器堵塞	1. 加油 2. 清洗
内燃机冷却水温度过高	1. 冷却水不足 2. 水泵或冷却水路发生故障	1. 加水 2. 检修
变矩器出口压力过低	1. 油位过低 2. 泵及补偿系统漏油或堵塞	1. 加油 2. 修理，清洗
变矩器操作压力过低	1. 油位过低 2. 泵及补偿系统漏油或堵塞	1. 加油 2. 修理，清洗
换挡困难	1. 停车换挡困难，变速箱小制动器间隙太小，制动太死 2. 行进中换挡困难，小制动器间隙太大，制动不灵	1. 调整小制动器间隙 2. 调整小制动器间隙
制动无力或失灵	1. 刹车油不足 2. 刹车油中混入空气 3. 油路堵塞 4. 制动蹄间隙太大 5. 制动蹄表面油污	1. 加油并排除漏油原因 2. 从主缸和分泵放气嘴排气 3. 清洗疏通油路 4. 调整 5. 清除油污

故障现象	故障原因	排除方法
制动器不能松开	1. 油路堵塞，回油困难 2. 制动蹄间隙太小	1. 清洗 2. 调整
手制动器失灵	1. 制动蹄表面油污 2. 手制动自由行程太大	1. 清除油污 2. 调整
液压系统漏油	1. 接头松弛 2. 密封环损坏	1. 拧紧接头 2. 更换
铲刀回转不灵	1. 转阀位置不对或管路接错 2. 回转液压缸密封圈损坏	1. 专业维修人员检修 2. 更换

第十章 平地机的日常检查与安全管理

第一节 日 常 检 查

1. 日常清洁

为使平地机长期有效地工作，提高工作效率，延长使用寿命，工作后必须每天清洁平地机：

（1）清除铲刀体上部和导杆上的砂砾石、泥土、刀片上黏着的砂石土；

（2）清除回转圈上的砂砾石、泥土；

（3）清除轮胎上的砂石土；

（4）清除前桥架、倾角关节、转向节上的砂砾石、泥土；

（5）清除平衡箱、覆盖件等上的砂土石、灰尘等；

（6）清洁空气滤清器。

2. 渗漏油排查

（1）检查并排除泵、马达、多路阀、阀体、胶管、法兰等各接头处是否有渗漏；

（2）检查并排除内燃机机油、平衡箱与涡轮箱润滑油是否有渗漏；

（3）检查并排除空调管路是否有渗漏；

（4）检查内燃机的油、气、水管路是否有渗漏。

3. 电气线路检查

（1）经常检查线束对接的接插件是否有水、油，应经常保持干净；

（2）检查灯、传感器、喇叭、刹车压力开关等处的接插件及螺母是否紧固可靠；

（3）检查线束是否有短路、开断、破损等情况，应保持线束完好无损；

（4）检查电控柜内接线是否有松动，应保持接线牢靠。

4. 油位、水位检查

（1）检查整机润滑油、燃油及液压油油量并按规定加入新油至规定的油标指示刻度；

（2）检查组合散热器的水位并按规定加入到使用要求。

第二节　安全管理要求

1. 与"人"相关的基本要求

（1）操作人员必备条件

1）作业人接受专业培训并已被证明合格，具备操作能力，持有认可的操作证书，才能操作平地机；

2）在操作平地机时，务必穿戴适合于工作的紧身服和安全帽等安全用品；

3）只有专业技术人员和售后服务人员才能检查、维修、保养平地机。

（2）操作人员安全注意事项

1）始终保持行走倒车报警器与喇叭处于工作状态，当平地机开始移动时，鸣笛并警告周围人员；

2）乘员也会阻挡操作人员的视线，导致在不安全的情况下操作平地机，因此只允许操作员在平地机上，不可有其他乘员；

3）驾驶室具有一定的防落物、防倾翻能力，但在有石块或碎石掉落可能性的地方作业时，应事先评估，确保人和平地机工作时是安全的；

4）时刻警惕有无旁人进入工作区域，在移动平地机运行过程前，用喇叭或其他信号警告旁人，在倒车时，如果视线被挡，请启用信号员，用符合当地规定的手信号，只有在信号员和操作者都清楚地明白信号时，才能移动平地机；在倒车、转弯或作业时，尽量避免有人在平地机附近，防止他人被平地机撞倒或压倒，造成严重的伤亡事故。

2. 平地机工作过程中的安全要求

（1）平地作业要求

1）在开始作业前应检查工地的地形和地面状况，使平地机与沟边或路肩保持一定的距离，如果需要在软地上作业，应事先压实；

2）在操作平地机时，务必穿戴适合于工作的紧身服和安全帽等安全用品，平地机作业范围内应无障碍物和无关人员；

3）铲刀左右侧翻 90°的过程中，铲刀左右提升液压缸必须与铲刀摆动液压缸协同动作，切忌野蛮操作，严禁操作过程中一个或两个液压缸的行程已操作到位而另一个液压缸还没有动作，致使操作过程中发生液压缸与机架等干涉，损坏液压缸；

4）铲刀左右侧引过程中，如果碰到硬物，必须停止，严禁野蛮操作，损坏侧引液压缸；

5）铲刀回转 360°时，必须小心操作，防止铲刀刮坏轮胎、碰坏机架和前桥转向拉杆。

（2）高速挡行驶要求

1）行驶时必须观察机油压力不能低于 0.8bar，水温不能高于 100℃，油温不能高于 80℃；否则应停止工作；

2）行驶一段距离后，踏下行车制动踏板，检查制动性能；

3）停车制动可以兼作紧急制动，但只有在行车制动失效的紧急情况下才能使用，在行车制动有效的情况下，严禁在平地机行驶状态使用停车制动。停车制动按钮如图 10-1 所示。

4）由于停车采用常闭式停车制动器，即制动器中没有液压油作用时制动生效，如果平地机行驶到危险地点（如横置在铁路道口的路轨上）且停车制动液压油管破

图 10-1 停车制动按钮

裂或内燃机熄火，造成停车制动器内失压而使停车制动生效，平地机不能开动或被拖动，这时解除停车制动的办法是：将安装在两侧减速平衡箱上（两后轮中间）的停车制动器外护套（序1）拧下，用扳子将螺母（序2）拧紧（约1.5～2圈），使活塞杆被拉出3～4mm，停车制动解除。停车制动解除示意图如图10-2所示。

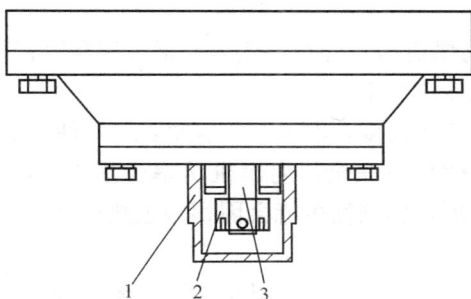

图 10-2 停车制动解除示意图
1—外护套；2—螺母；3—活塞杆

（3）冬天操作要求

1）在寒冷的气候条件下，内燃机变得不容易起动，燃油可能会冻结，液压油的黏度会增大，因此，需根据气候温度选用燃油；

2）平地机使用的冷却液为永久型防冻液，寒冷天气不会冻结，因此，在加注防冻液时，需提醒使用厂家指定的防冻液，不得随意添加自来水或其他牌号的冷却液；

3）平地机最合适的液压油温度是50℃以上（最高不要超过80℃），当液压油温度低于25℃时，平地机可能会出现操作时无反应或突然快速动作现象，因而发生严重事故，因此当液压油温度低于25℃时，必须对平地机进行预热后才能开始工作；

4）在寒冷天气内燃机难以起动，可先对进气系统进行预热，按下列步骤操作：

① 当环境温度接近或低于0℃时，内燃机启动开关接通电源后，如果内燃机需预热，此时内燃机预热指示灯亮，预热约1min；

② 预热好后，预热指示灯熄灭；

③ 若内燃机不能平稳启动，应停止启动，间隔2min后重新起动；如多次启动无效，内燃机将不能启动，应检查内燃机空气加热器系统；

④ 启动内燃机后，检查各仪表及指示灯是否正常。

（4）高原使用要求

平地机在海拔高度≥2500m、温度≥40℃使用时，因空气逐渐稀薄，柴油燃烧不完全，内燃机功率会损失10%以上。此时内燃机会冒黑烟，燃油嘴可能会因积碳过热而烧裂，因此需经常对其除碳。

在高原上使用时，要对内燃机的进气系统经常进行保养，防止内燃机过载。

3. 其他相关的安全要求

（1）跑车和作业

1）仔细地阅读和遵守平地机上所有的安全标牌，学会如何正确、安全地操作平地机及其控制器；

2）只能在操作席上启动内燃机，绝不允许站在地面上起动内燃机，启动内燃机前应确认所有的操作杆都处于中间位置；

3）在铲刀回转或移动、操作平地机之前，确认周围人员的位置，不得撞倒周围人员；

4）始终保持行走倒车报警器与喇叭处于工作状态，当平地机开始移动时，鸣笛并警告周围人员；

5）在狭窄区域内行走、回转作业或操作平地机时，请启用信号员，在启动平地机前，要协调手势信号的含义。信号员只能是唯一的，不得同时有2名以上信号员进行指挥；

6）如果必须用跨接启动的方法来启动内燃机，需要由两个人来进行，绝对不可使用冻结的蓄电池，如不遵守正确的跨接启动步骤，将会导致电池爆炸或平地机的失控；

7）保持窗户完好，后视镜和灯的清洁度完好；

8）尘土、大雨、雾气等会降低能见度。当能见度降低时，减少速度，并使用适当照明；

9）防止平地机在14°以上的坡上工作；

10）车辆在冰冻的地面上除雪时，必须装防滑链，且必须防止因车速过快等原因导致翻车。

（2）运输和转场

1）装卸前，彻底清扫斜面或装卸台和拖车板，沾有油污、泥土或冰的斜面、装卸台和拖车平板有溜滑的危险；

2）必须在坚实水平的地面上装卸平地机，与道路边缘保持一定的安全距离；

3）使用斜面或装卸台时，要在车轮下放置好挡块；

4）装卸台必须有足够的宽度和强度支撑平地机，并有一个小于15°的坡度；

5）装车时平地机的中线应该与拖车的中线对应，缓慢地把平地机驶上斜面，防止铲刀刮坏运输车辆的轮胎等；

6）平地机摆放位置校正好后，将铰接车架打直，前轮中心调正与平地机中心重合、轮胎与地面垂直，铲刀下降并置于行驶中应放的位置，铲刀下部必须用橡胶或软木垫实，防止因运输过程中的颠簸而使升降液压缸折弯；

7）放下推土板和松土器，下部用橡胶或软木垫实；

8）把链条或绳索系在平地机的机架上，不要将链条或缆索跨过或压在液压管路或软管上，用链条或缆索把平地机的四个角和工作装置固定到拖车上；

9）运输时，应用拉杆固定好铰接转向，以三角木块楔住车轮，并采取其他措施将平地机固定牢靠；

10）将内燃机水箱内的存水排放干净，存留部分燃油供发运使用；

11）断开蓄电池与机架相连的电路；